现代土木工程精品系列图书

房屋建筑学同步辅导与习题解析

郭丽娜 丁 勇 主编

哈尔滨工业大学出版社

内 容 简 介

本书是普通高等学校"房屋建筑学"课程的配套习题教材,内容包含民用建筑与工业建筑的设计、构造及其基本原理和工程应用。全书共分6篇27章,每一章均包含学习指引、练习题、拓展知识及参考答案4个部分,重点突出同步复习和同步练习的功能。书中练习题部分较为系统、全面地涵盖了每一章的重点知识;拓展知识部分重点阐述规范的相关规定,便于读者对相关内容的理解,同时有利于加深其专业认知。全书以习题形式总结课程知识要点,可帮助读者更好地掌握课程内容。

本书可作为土木工程、水利工程、交通工程、建筑工程及工程管理等专业的专科、本科、函授等学生学习"房屋建筑学"课程的辅导书。

图书在版编目(CIP)数据

房屋建筑学同步辅导与习题解析/郭丽娜,丁勇主编.—哈尔滨:哈尔滨工业大学出版社,2023.8
ISBN 978-7-5767-1004-5

Ⅰ.①房… Ⅱ.①郭… ②丁… Ⅲ.①房屋建筑学-高等学校-教学参考资料 Ⅳ.①TU22

中国国家版本馆 CIP 数据核字(2023)第 152320 号

策划编辑 王桂芝
责任编辑 陈雪巍
出版发行 哈尔滨工业大学出版社
社　　址 哈尔滨市南岗区复华四道街10号 邮编150006
传　　真 0451-86414749
网　　址 http://hitpress.hit.edu.cn
印　　刷 哈尔滨市工大节能印刷厂
开　　本 720 mm×1 000 mm 1/16 印张 10.75 字数 176 千字
版　　次 2023年8月第1版 2023年8月第1次印刷
书　　号 ISBN 978-7-5767-1004-5
定　　价 48.00 元

(如因印装质量问题影响阅读,我社负责调换)

前　言

"房屋建筑学"是大土木范围内各专业了解建筑设计全过程的重要基础专业课，其研究内容涉及建筑空间组合和建筑构造理论及方法，课程涵盖内容广泛，知识点繁多，常有学生反馈学习时很难抓住课程主要脉络。为方便教学，加深学生对所学知识的理解与掌握，特编写本书。本书可配合"房屋建筑学"相关教材使用，尤其与同济大学、西安建筑科技大学、东南大学、重庆大学四校合编的《房屋建筑学》(第五版)教材配合使用为宜。书中各章节知识点以学习指引的形式进行简要总结，以练习题形式展开具体讲解，练习题类型主要包括填空题、单项选择题、多项选择题、简答题4种形式，各章均附有习题答案，供读者参考。考虑部分读者对"房屋建筑学"相关教材中设计及构造要求的出处不甚了解，本书在部分章节后增加了现行常用规范的相关内容作为拓展知识，以便初学者能更好地建立建筑设计的规范意识。

本书可作为高等学校土木类专业，如土木工程、工程管理、水利工程、建筑学、景观规划等相关专业的本、专科学生学习"房屋建筑学"课程的辅导书，也可作为网络学院、成人高校及参加注册建造工程师等注册类考试的从业者学习"房屋建筑学"的参考书。

本书由东北农业大学郭丽娜、哈尔滨工业大学丁勇主编，具体编写分工如下：郭丽娜负责编写第1、2、3篇和第5篇的部分内容；丁勇负责编写第4、6篇和第5篇的部分内容。本书在编写过程中得到多位同行的帮助，他们提出了诸多宝贵意见和建议，在此一并感谢。

限于编者水平，书中难免出现疏漏和不足之处，请读者批评指正。

编　者

2023年5月

目 录

第1篇 概论

第1章 房屋建筑学研究的主要内容 …………………………………… 1
　§学习指引 ……………………………………………………………… 1
　§练习题 ………………………………………………………………… 1
　§拓展知识 ……………………………………………………………… 3
　§参考答案 ……………………………………………………………… 6

第2章 建筑设计的程序及要求 ………………………………………… 8
　§学习指引 ……………………………………………………………… 8
　§练习题 ………………………………………………………………… 8
　§拓展知识 ……………………………………………………………… 13
　§参考答案 ……………………………………………………………… 14

第2篇 建筑空间构成及组合

第3章 建筑平面的功能分析和平面组合设计 ………………………… 16
　§学习指引 ……………………………………………………………… 16
　§练习题 ………………………………………………………………… 16
　§拓展知识 ……………………………………………………………… 19
　§参考答案 ……………………………………………………………… 21

第4章 建筑物各部分高度的确定和剖面设计 ………………………… 23
　§学习指引 ……………………………………………………………… 23
　§练习题 ………………………………………………………………… 23
　§拓展知识 ……………………………………………………………… 26

§ 参考答案 …………………………………………………………… 27

第 5 章　建筑物体型设计和立面设计 …………………………… 29

§ 学习指引 …………………………………………………………… 29

§ 练习题 ……………………………………………………………… 29

§ 拓展知识 …………………………………………………………… 30

§ 参考答案 …………………………………………………………… 31

第 6 章　建筑在总平面图中的布置 ……………………………… 33

§ 学习指引 …………………………………………………………… 33

§ 练习题 ……………………………………………………………… 33

§ 拓展知识 …………………………………………………………… 37

§ 参考答案 …………………………………………………………… 38

第 3 篇　常用结构体系所适用的建筑类型

第 7 章　墙体承重结构所适用的建筑类型 ……………………… 40

§ 学习指引 …………………………………………………………… 40

§ 练习题 ……………………………………………………………… 40

§ 拓展知识 …………………………………………………………… 42

§ 参考答案 …………………………………………………………… 43

第 8 章　骨架结构体系所适用的建筑类型 ……………………… 45

§ 学习指引 …………………………………………………………… 45

§ 练习题 ……………………………………………………………… 45

§ 拓展知识 …………………………………………………………… 47

§ 参考答案 …………………………………………………………… 47

第 9 章　建筑平面的功能分析和平面组合设计 ………………… 49

§ 学习指引 …………………………………………………………… 49

§ 练习题 ……………………………………………………………… 49

§ 拓展知识 …………………………………………………………… 50

§ 参考答案 …………………………………………………………… 51

第 4 篇　建筑构造

第 10 章　建筑构造综述 ··· 52
　§ 学习指引 ··· 52
　§ 练习题 ··· 52
　§ 拓展知识 ··· 54
　§ 参考答案 ··· 54

第 11 章　楼地层、屋盖及阳台、雨棚的基本构造 ······················· 56
　§ 学习指引 ··· 56
　§ 练习题 ··· 56
　§ 拓展知识 ··· 58
　§ 参考答案 ··· 60

第 12 章　墙体的基本构造 ·· 62
　§ 学习指引 ··· 62
　§ 练习题 ··· 62
　§ 拓展知识 ··· 66
　§ 参考答案 ··· 67

第 13 章　墙及楼地面面层 ·· 70
　§ 学习指引 ··· 70
　§ 练习题 ··· 70
　§ 拓展知识 ··· 72
　§ 参考答案 ··· 74

第 14 章　基础 ·· 77
　§ 学习指引 ··· 77
　§ 练习题 ··· 77
　§ 拓展知识 ··· 79
　§ 参考答案 ··· 81

第 15 章　楼梯及其他垂直交通设施 ··· 83
　§ 学习指引 ··· 83

§ 练习题 ·· 83
　　§ 拓展知识 ·· 86
　　§ 参考答案 ·· 88

第 16 章　门和窗 ··· 90
　　§ 学习指引 ·· 90
　　§ 练习题 ·· 90
　　§ 拓展知识 ·· 92
　　§ 参考答案 ·· 94

第 17 章　建筑防水构造 ·· 96
　　§ 学习指引 ·· 96
　　§ 练习题 ·· 96
　　§ 拓展知识 ·· 99
　　§ 参考答案 ·· 100

第 18 章　建筑保温、隔热构造 ···························· 102
　　§ 学习指引 ·· 102
　　§ 练习题 ·· 102
　　§ 拓展知识 ·· 104
　　§ 参考答案 ·· 106

第 19 章　建筑变形缝构造 ·································· 108
　　§ 学习指引 ·· 108
　　§ 练习题 ·· 108
　　§ 拓展知识 ·· 111
　　§ 参考答案 ·· 111

第 20 章　建筑工业化 ·· 114
　　§ 学习指引 ·· 114
　　§ 练习题 ·· 114
　　§ 拓展知识 ·· 117
　　§ 参考答案 ·· 118

第 5 篇 工业建筑设计

第 21 章 工业建筑概述 ································ 120
- § 学习指引 ································ 120
- § 练习题 ································ 120
- § 拓展知识 ································ 122
- § 参考答案 ································ 123

第 22 章 工业建筑选址及环境设计 ································ 125
- § 学习指引 ································ 125
- § 练习题 ································ 125
- § 拓展知识 ································ 130
- § 参考答案 ································ 133

第 23 章 单层工业建筑设计 ································ 136
- § 学习指引 ································ 136
- § 练习题 ································ 136
- § 拓展知识 ································ 139
- § 参考答案 ································ 141

第 24 章 多层工业建筑设计 ································ 143
- § 学习指引 ································ 143
- § 练习题 ································ 143
- § 拓展知识 ································ 145
- § 参考答案 ································ 146

第 6 篇 工业建筑构造

第 25 章 单层工业建筑构造 ································ 148
- § 学习指引 ································ 148
- § 练习题 ································ 148

§拓展知识 ·· 150
　　§参考答案 ·· 153
第 26 章　单层工业建筑天窗构造设计 ······················· 154
　　§学习指引 ·· 154
　　§练习题 ·· 154
　　§拓展知识 ·· 155
　　§参考答案 ·· 155
第 27 章　工业建筑的特殊构造 ······························ 157
　　§学习指引 ·· 157
　　§练习题 ·· 157
　　§拓展知识 ·· 159
　　§参考答案 ·· 161
参考文献 ·· 162

第1篇 概论

第1章 房屋建筑学研究的主要内容

§学习指引

(1)"房屋建筑学"课程是土木类、建筑类、工程管理类、水利水电类专业学生必修的一门专业基础课,涵盖后续学习其他专业课、生产实习、课程设计和毕业设计所必须具备的基础知识,是毕业后从事工程技术工作所必须掌握的基础内容。因此,要明确课程学习的目的与主要内容。

(2)要理解建筑设计的内容及各部分的关注重点,掌握建筑的各种分类及应用情况,了解建筑构成方式及建筑物的主要组成。

(3)要拓展了解我国古代建筑的杰出成就,了解中式建筑的发展历程,坚定文化自信、民族自信,以此提高专业认同感。

§练习题

一、填空题

1. 建筑设计包含的两方面内容主要是指_____的研究以及_____的研究。
2. 根据使用性质的不同,建筑可以分为_____和_____两大类。
3. 生产性建筑根据其生产内容的区别,可以细分为_____和_____两类。
4. 民用建筑按使用目的,可以细分为_____和_____两类。

二、单项选择题

1. 下列选项中,不属于农业建筑的是( )。
   A.鸡舍　　　B.日光温室　　C.植物园　　D.粮食贮藏建筑

2. 承受建筑的荷载并将荷载传递给建筑竖向受力构件的建筑构成部分是( )。
   A.墙体　　　B.楼地层　　　C.基础　　　D.窗

3. 下列选项中,不属于建筑维护、分隔系统的是( )。
   A.柱　　　　B.防火门　　　C.窗　　　　D.隔墙

4. 下列选项中,不属于高层建筑的是( )。
   A.高度30 m的住宅公寓　　　B.高度27 m的多层音乐厅
   C.高度27 m的单层体育馆　　D.高度90 m的办公楼

5. 建筑是建筑物和构筑物的总称,下列选项中全部属于构筑物的是( )。
   A.住宅、水塔　　　　　　　B.烟囱、输电线塔
   C.学校、大坝　　　　　　　D.商场、幼儿园

6. 民用建筑可以划分为居住建筑和公共建筑两部分,下列选项中属于居住建筑的是( )。
   A.宾馆　　　B.疗养院　　　C.宿舍　　　D.幼儿园

7. 建筑的三个构成要素分别是建筑功能、物质技术条件和建筑形象,其中起主导作用的是( )。
   A.建筑功能　B.物质技术条件　C.建筑形象　D.三者地位等同

三、多项选择题

1. 下列选项中,属于公共建筑的是( )。
   A.幼儿园　　B.博物馆　　　C.办公楼　　D.学生宿舍

2. 下列选项中,属于建筑结构支承系统的是( )。
   A.填充墙　　B.基础　　　　C.承重墙　　D.楼板

3. 下列选项中,属于建筑围护、分隔系统的是( )。
   A.填充墙　　B.门　　　　　C.窗　　　　D.楼梯

四、简答题

1. 在建筑的分类中,高层民用建筑是如何定义的?
2. 大量性建筑和大型性建筑的定义是什么?
3. 建筑构成三要素是什么?三者之间存在什么样的辩证关系?

§ 拓展知识

关于建筑分类的说法有很多,部分教材由于版本原因,在建筑分类中仍以《民用建筑设计通则》GB 50352—2005 为分类依据,请注意:《民用建筑设计通则》GB 50352—2005 已于 2019 年 10 月 1 日废止,取而代之的是《民用建筑设计统一标准》GB 50352—2019。因此,在专业课学习中,一定要对规范的版本进行校核。在《民用建筑设计统一标准》GB 50352—2019 中,按地上建筑高度或层数对民用建筑的分类做了如下规定,具体条文如下:

(1)建筑高度不大于 27.0 m 的住宅建筑、建筑高度不大于 24.0 m 的公共建筑及建筑高度大于 24.0 m 的单层公共建筑为低层或多层民用建筑。

(2)建筑高度大于 27.0 m 的住宅建筑和建筑高度大于 24.0 m 的非单层公共建筑,且高度不大于 100.0 m 的,为高层民用建筑。

(3)建筑高度大于 100.0 m 为超高层建筑。

除高度因素外,《民用建筑设计统一标准》GB 50352—2019 中还根据民用建筑的设计使用年限的不同,将民用建筑分为四类,见表 1.1。

表 1.1 设计使用年限分类

类别	设计使用年限/年	示例
1	5	临时性建筑
2	25	易于替换结构构件的建筑
3	50	普通建筑和构筑物
4	100	纪念性建筑和特别重要的建筑

此外,因侧重点不同,各规范对建筑分类的描述也不尽相同。《建筑设计防火规范》GB 50016—2014(2018 年版)中,将民用建筑区分为单层民用建筑、多层民用建筑以及高层民用建筑。高层民用建筑根据其建筑高度、使用功能和楼层的建筑面积可分为一类和二类。民用建筑的分类见表 1.2。

表 1.2 民用建筑的分类

名称	高层民用建筑		单、多层民用建筑
	一类	二类	
住宅建筑	建筑高度大于 54 m 的住宅建筑（包括设置商业服务网点的住宅建筑）	建筑高度大于 27 m，但不大于 54 m 的住宅建筑（包括设置商业服务网点的住宅建筑）	建筑高度不大于 27 m 的住宅建筑（包括设置商业服务网点的住宅建筑）
公共建筑	①建筑高度大于 50 m 的公共建筑； ②建筑高度在 24 m 以上部分任一楼层建筑面积大于 1 000 m^2 的商店、展览、电信、邮政、财贸金融建筑和其他多种功能组合的建筑； ③医疗建筑、重要公共建筑、独立建造的老年人照料设施； ④省级及以上的广播电视和防灾指挥调度建筑、网局级的省级电力调度建筑； ⑤藏书超过 100 万册的图书馆、书库	除一类高层公共建筑外的其他高层公共建筑	①建筑高度大于 24 m 的单层公共建筑； ②建筑高度不大于 24 m 的其他公共建筑

注：1.表中未列入的建筑，其类别应根据本表类比确定。

2.除 GB 50016—2014（2018 年版）另有规定外，宿舍、公寓等非住宅类居住建筑的防火要求，应符合 GB 50016—2014（2018 年版）有关公共建筑的规定。

3.除 GB 50016—2014（2018 年版）另有规定外，裙房的防火要求应符合 GB 50016—2014（2018 年版）有关高层民用建筑的规定。

《建筑工程抗震设防分类标准》GB 50223—2008 将建筑工程分为四个抗震设防类别。

(1)特殊设防类：指使用上有特殊设施，涉及国家公共安全的重大建筑工程和地震时可能发生严重次生灾害等特别重大灾害后果，需要进行特殊设防的建筑。简称甲类。

(2)重点设防类:指地震时使用功能不能中断或需尽快恢复的生命线相关建筑,以及地震时可能导致大量人员伤亡等重大灾害后果,需要提高设防标准的建筑。简称乙类。

(3)标准设防类:指大量的除(1)(2)(4)以外按标准要求进行设防的建筑。简称丙类。

(4)适度设防类:指使用上人员稀少且震损不致产生次生灾害,允许在一定条件下适度降低要求的建筑。简称丁类。

除上述提到的规范外,还有很多规范对建筑的分类有详细的阐述,这里不再赘述。建议读者在平时学习时,对其中涉及的专业知识,可以通过网络、规范合集、手册等形式,认真查阅,尽量做到对每一个设计、构造要求等知识点的出处了然于心,这个过程不仅有利于加深对"房屋建筑学"课程的理解,更有利于培养严谨、求实的学习态度,为日后走向工作岗位奠定坚实基础。

部分房屋建筑学方面的教材会在开篇部分专门介绍建筑模数,关于建筑模数有几个相近的概念,在《建筑模数协调标准》GB/T 50002—2013 中有详细说明,在《房屋建筑学》(同济大学、西安建筑科技大学、东南大学、重庆大学合编,第五版)第 4 篇第 11 章 11.6 节中也介绍了模数制度及模数尺寸协调。为方便大家学习,这里对模数知识点提前做一下简要介绍。

(1)模数:选定的尺寸单位,作为尺度协调中的增值单位。

(2)基本模数:模数协调中的基本尺寸单位,用 M 表示。

(3)扩大模数:基本模数的整倍数。

(4)分模数:基本模数的分数值,一般为整数分数。

基本模数的数值应为 100 mm(1M 等于 100 mm)。整个建筑物和建筑物的一部分以及建筑部件的模数化尺寸,应是基本模数的倍数。

导出模数应分为扩大模数和分模数,其基数应符合下列规定:

(1)扩大模数基数应为 2M、3M、6M、9M、12M、…。

(2)分模数基数应为 M/10、M/5、M/2。

《民用建筑设计统一标准》GB 50352—2019 中,建筑平面的柱网、开间、进深、层高、门窗洞口等主要定位线尺寸,应为基本模数的倍数,并应符合下列规定:

(1)平面的开间进深、柱网或跨度、门洞窗口宽度等主要定位尺寸,宜采用水平扩大模数数列 $2nM$、$3nM$(n 为自然数)。

（2）层高和门窗洞口高度等主要标注尺寸,宜采用竖向扩大模数数列 nM（n 为自然数）。

§ 参考答案

一、填空题

1. 建筑空间；建筑实体

2. 生产性建筑；民用建筑

3. 工业建筑；农业建筑

4. 居住建筑；公共建筑

二、单项选择题

1. C

2. B

3. A

4. C

5. B

6. C

7. A

三、多项选择题

1. ABC

2. BCD

3. ABC

四、简答题

1. 在建筑的分类中,高层民用建筑是如何定义的？

《民用建筑设计统一标准》GB 50352—2019 中规定,建筑高度大于 27.0 m 的住宅建筑和建筑高度大于 24.0 m 的非单层公共建筑,且高度不大于 100.0 m 的,为高层民用建筑。

2. 大量性建筑和大型性建筑的定义是什么?

大量性建筑:单体建筑规模不大,但兴建数量多、分布面广的建筑,如住宅、学校、中小型办公楼、商店、医院等;大型性建筑:建筑规模大、耗资多、影响较大的建筑,如大型火车站、航空港、大型体育馆、博物馆、大会堂等。

3. 建筑构成三要素是什么?三者之间存在什么样的辩证关系?

建筑构成三要素是指建筑功能、物质技术条件和建筑形象。三个构成要素中,建筑功能是主导因素,它对物质技术条件和建筑形象起决定作用;物质技术条件是实现建筑功能的手段,它对建筑功能起制约或促进作用;建筑形象则是建筑功能、技术和艺术内容的综合表现。在优秀的建筑作品中,这三者是辩证统一的。

第 2 章　建筑设计的程序及要求

§学习指引

（1）建设项目在实施过程中,需要完成一系列的工作才能最终实现目标。在学习中要掌握一般建筑的设计程序,能够区分清楚各设计阶段的重点工作内容。

（2）要求掌握建筑设计的要求和依据,特别是要理解相关建筑法规、规范和行业及地方标准等对建筑设计的指导与约束。建筑法规、规范和行业及地方标准,是对行业行为和经验的不断总结,具有极高的指导性,特别是其中的一些强制性条文,具有法定意义。从业人员在发挥创造力的同时,必须做到各个环节都有据可查,这对规范建筑市场、保障人民生命财产安全意义重大。初学者要建立规范意识,确保设计作品在相关的建筑法规、规范和行业及地方标准所允许的范围之内。

§练习题

一、填空题

1. 方案设计阶段工作内容主要包含_____以及_____。

2. 在调查分析的基础上完成符合规划设计条件和法规规范要求,并满足业主利益最大化的概要性空间解决方案的建筑设计工作是_____。

3. 编制出完整、准确、详细的用以指导施工的文件,以满足行政管理审批的要求,用作项目土建施工和设备采购、加工、安装的依据,并为建设方组织建造、使用、维修或改建提供依据的建筑设计阶段是_____。

二、单项选择题

1. 下列选项中,不属于概念性方案设计内容的是(　　)。
　　A.功能区分　　　　　　　　B.交通流线设计
　　C.完善设计概念　　　　　　D.建筑空间设计

2. 下列选项中,不属于初步设计阶段设计说明所涉及的内容的是(　　)。
   A.项目概况　　　　　　　　B.设计依据
   C.围护结构热工性能计算书　　D.设计要求
3. 相比方案设计、初步设计而言,施工图设计更注重的是(　　)。
   A.建筑效果　　B.技术层面　　C.经济层面　　D.环保效果
4. 在建筑初步设计阶段开始之前,最先获得的资料是下列哪一项?(　　)
   A.项目建议书　　　　　　　B.工程地质勘察报告
   C.可行性研究报告　　　　　D.施工许可证
5. 甲方(业主)应在下列哪个阶段向乙方(设计单位)提供工程地质勘察报告?(　　)
   A.项目建议书阶段　　　　　B.可行性研究阶段
   C.设计　　　　　　　　　　D.施工
6. 关于初步设计阶段设计文件的深度,下列选项中不正确的是(　　)。
   A.设计说明书,应包括设计总说明、各专业设计说明
   B.对于涉及建筑节能、环保、绿色建筑、人防、装配式建筑等,其设计说明应具有相应的专项内容
   C.主要设备或材料表属于初步设计文件
   D.计算书属于必须交付的设计文件
7. 图2.1所示的某中学校园总平面图,最为合理的设计方案是(　　)。

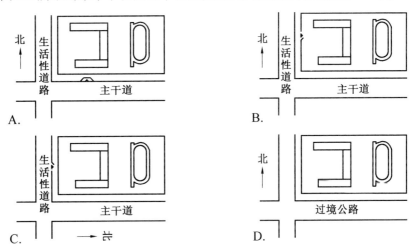

图2.1　某中学校园总平面图

8. 图 2.2 所示的某住宅局部平面图,其平面布局方案最为合理的是( )。

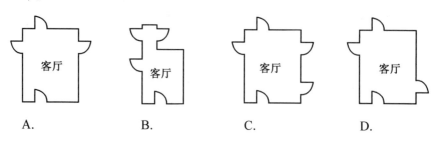

图 2.2 某住宅局部平面图

9. 一般住宅公共楼梯的梯段净宽不应小于( )。
    A.1.5 m　　　　B.0.9 m　　　　C.1.1 m　　　　D.2.4 m

10. 在没有自动灭火设备的一类高层民用建筑中,防火分区的最大建筑面积为( )。
    A.1 500 m^2　　B.500 m^2　　C.1 200 m^2　　D.1 000 m^2

11. 图 2.3 所示的高层建筑防烟楼梯设计,其中合理的设计方案是( )。

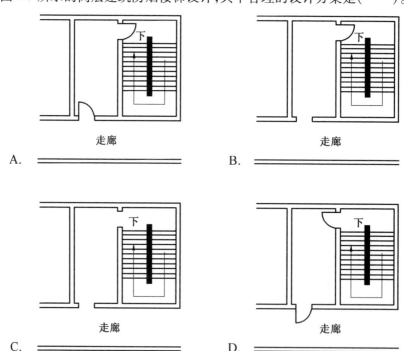

图 2.3 高层建筑防烟楼梯设计

12. 公共建筑内每个防火分区或一个防火分区的每个楼层,其安全出口的数量应经计算确定,且不应少于( )个。
    A.1　　　　B.2　　　　C.3　　　　D.4

13. 一栋占地面积为 2 100 m² 的三层建筑物,每层建筑面积为 900 m²,使用面积系数为 80%,试问该项建筑用地的建筑容积率约为( )。
    A.0.8　　　B.1.2　　　C.1.5　　　D.2.0

三、多项选择题

1. 一般项目的建筑设计程序包含下列选项中的( )。
   A.方案设计　　B.初步设计　　C.施工图设计　　D.绿化设计

2. 建筑方案设计阶段,主要技术经济指标包含下列选项中的( )。
   A.用地面积　　B.结构类型　　C.总建筑面积　　D.绿化率

3. 建筑方案设计阶段所涉及的图纸包含下列选项中的( )。
   A.设备布置图　　　　　　B.总平面图功能分区
   C.环境景观分析图　　　　D.日照分析图

4. 建筑初步设计阶段所需要提供的设计文件包括( )。
   A.设计说明　　B.技术经济指标　　C.建筑用料表　　D.设计图纸

5. 下列选项中,属于结构施工图的选项是( )。
   A.基础平面布置图　　　　B.楼板配筋图
   C.门窗明细表　　　　　　D.建筑平面图

6. 下列多层公共建筑的疏散楼梯,除与敞开式外廊直接相连的楼梯外,均应采用封闭楼梯间的是( )。
   A.医疗建筑、旅馆及类似使用功能的建筑
   B.设置歌舞娱乐放映游艺场所的建筑
   C.商店、图书馆、展览建筑、会议中心及类似使用功能的建筑
   D.6 层及以上的其他建筑

7. 关于公共建筑的安全疏散距离,下列选项中正确的有( )。
   A.直通疏散走道的房间疏散门至最近安全出口的直线距离要满足《建筑设计防火规范》GB 50016—2014(2018 年版)的规定
   B.楼梯间应在首层直通室外,确有困难时,可在首层采用扩大的封闭楼梯间或防烟楼梯间前室。当层数不超过 4 层且未采用扩大的封闭楼

梯间或防烟楼梯间前室时,可将直通室外的门设置在离楼梯间不大于 15 m 处

C.一、二级耐火等级建筑内疏散门或安全出口不少于 2 个的观众厅、展览厅、多功能厅、餐厅、营业厅等,其室内任一点至最近疏散门或安全出口的直线距离不应大于 30 m

D.当疏散门不能直通室外地面或疏散楼梯间时,应采用长度不大于 10 m 的疏散走道通至最近的安全出口。当该场所设置自动喷水灭火系统时,室内任一点至最近安全出口的安全疏散距离可分别增加 25%

8. 建筑高度大于 100 m 的公共建筑,应设置避难层(间)。关于避难层(间),下列选项中正确的有(　　)。

A.第一个避难层(间)的楼地面至灭火救援场地地面的高度不应大于 50 m,两个避难层(间)之间的高度不宜大于 50 m

B.通向避难层(间)的疏散楼梯应在避难层分隔、同层错位或上下层断开

C.避难层(间)的净面积应能满足设计避难人数避难的要求,并宜按 5.0 人/m^2 计算

D.避难层可兼作设备层。设备管道宜集中布置,其中的易燃、可燃液体或气体管道应集中布置,设备管道区应采用耐火极限不低于 3.00 h 的防火隔墙与避难区分隔

9. 下列选项中,关于住宅建筑安全出口设置的说法,正确的是(　　)。

A.建筑高度不大于 27 m 的建筑,当每个单元任一层的建筑面积大于 650 m^2,或任一户门至最近安全出口的距离大于 15 m 时,每个单元每层的安全出口不应少于 2 个

B.建筑高度大于 27 m、不大于 54 m 的建筑,当每个单元任一层的建筑面积大于 650 m^2,或任一户门至最近安全出口的距离大于 10 m 时,每个单元每层的安全出口不应少于 2 个

C.建筑高度大于 27 m,但不大于 54 m 的住宅建筑,每个单元设置一座疏散楼梯时,疏散楼梯应通至屋面,且单元之间的疏散楼梯应能通过屋面连通,户门应采用乙级防火门

D.建筑高度大于 27 m,但不大于 54 m 的住宅建筑,每个单元设置一座

疏散楼梯时,当疏散楼梯不能通至屋面或不能通过屋面连通时,应设置1个安全出口。

四、简答题

1. 建筑方案设计阶段所要提交的主要文件是什么?
2. 建筑初步设计阶段的主要工作是什么?
3. 相比方案设计、初步设计阶段而言,施工图阶段的图纸有哪些特点?
4. 建筑设计的要求和依据主要包含哪几个方面?

§拓展知识

本章在初步设计阶段提到了"无障碍设计",这里就无障碍设计做一点说明。虽我国无障碍设计起步较晚,但随着北京"双奥"的顺利举办,国内对大型赛事的无障碍设计已经完全与世界接轨。无障碍设计最早出现在1974年,是联合国相关组织提出的设计主张,强调在科学技术高度发展的社会,一切有关人类衣食住行的公共空间环境以及各类建筑设施、设备的规划设计中,都必须充分考虑具有不同程度身体缺陷者和正常活动能力衰退者(如老人、孕妇)等的使用需求。

国内关于无障碍设计的相关规范、规程目前仍在持续发展,已经出版的有《无障碍设计规范》GB 50763—2012以及《城市公共交通设施无障碍设计指南GB/T 33660—2017等。此外,国内对公共场所的无障碍信息符号已有明确规定,地方城市对无障碍设计也越发关注,如北京市自2022年7月1日起,开始实施《公共建筑无障碍设计标准》DB11/T 1950—2021,对无障碍通行流线上的主要节点,如建筑场地、停车、出入口及内部交通等均提出相关具体的设计要求。

包容性与通用性是无障碍设计最为关键的设计理念,无障碍设计不仅仅能满足特殊人群的基本生活需求,更是为营造一个充满爱与关怀的文明社会所必需的表达。无障碍设计充分体现了"设计一小步,文明一大步"的设计理念。

§参考答案

一、填空题

1. 概念性方案设计；方案设计
2. 概念性方案设计
3. 施工图设计阶段

二、单项选择题

1. D
2. C
3. B
4. C
5. C
6. D
7. B
8. B
9. C
10. A
11. A
12. B
13. B

三、多项选择题

1. ABC
2. ACD
3. BCD
4. ABCD
5. AB
6. ABCD

7. ABCD

8. ABCD

9. ABC

四、简答题

1. 建筑方案设计阶段所要提交的主要文件是什么？

建筑方案设计阶段所要提交的主要文件包括设计说明、主要技术经济指标、设计图纸、效果图、模型或视频文件等其他对设计效果的表达文件。

2. 建筑初步设计阶段的主要工作是什么？

按照项目审批文件、城市规划及工程建设强制性标准等方面的要求，对原设计方案进行修改、完善和深化；确定建筑物的精确尺寸和空间形态；对各专业的设计进行全面整合，确定技术路线，在整体上达到基本完整、各专业配合良好、基本无冲突的效果，控制工程造价、工期与品质，在规定的期限内完成工程预算；配合业主完成行政审批；配合设备采购和施工准备以及商务洽谈。

3. 相比方案设计、初步设计阶段而言，施工图阶段的图纸有哪些特点？

与方案设计、初步设计阶段相比，施工图阶段的图纸除了必须标明建筑物所有构配件的详细定位尺寸及必要型号、数量，交代清楚工程施工中所涉及的各种建筑构造外，还应说明实现建筑性能要求的各项建造细则，包括引用的国家现有设计规范和设计标准、对施工结果的性能要求、使用材料的规格和构配件的安装规格等，并以符合逻辑、方便查阅的方式加以编排，达到可以按图施工的深度。

4. 建筑设计的要求和依据主要包含哪几个方面？

(1) 满足建筑功能的要求。

(2) 符合所在地规划发展的要求并具有良好的视觉效果。

(3) 符合建筑法规、规范和一些相应的行业及地方标准的规定。

(4) 采用合理的技术措施。

(5) 提供在投资计划所允许的经济范畴之内运作的可行性。

第2篇　建筑空间构成及组合

第3章　建筑平面的功能分析和平面组合设计

§学习指引

（1）任何一幢建筑物，都是由各种不同的使用房间、辅助房间和交通联系部分组成；表达建筑物三维空间和具体构造的工程图，通常由建筑的平、立、剖面图和各部分细节构造详图组成；建筑平面表示的是建筑物在水平方向房屋各部分的组合关系，是建筑物使用功能关系的直接反映。

（2）当学习内容涉及较多建筑平面尺寸数据时，要理解这些数据的由来及意义；学习过程中要明确交通联系部分对建筑各使用部分的影响，要特别关注消防疏散通道的相关要求。

（3）学习时要理解建筑的不同使用性质和使用需求对建筑功能分区的影响，了解建筑功能分析的目的，掌握建筑物平面组合的几种常用方式及彼此之间的区别。

§练习题

一、填空题

1. 从建筑各层标高以上大约直立人眼的高度将建筑物水平剖切后向下看所得到的水平投影图，一般称为建筑的_____。

2. 建筑平面从各组成部分空间的使用性质来分析，主要可以归纳为

_____和_____两部分。

二、单项选择题

1. 建筑平面构成中,专门用来联通建筑物的各使用部分的是(　　)。
   A.交通联系部分　　　　　　B.连廊
   C.楼梯　　　　　　　　　　D.走道

2. 下列选项中,不属于走道宽度设计考虑因素的是(　　)。
   A.消防要求　　　　　　　　B.货流量
   C.人流量　　　　　　　　　D.与疏散门的距离

3. 单股人流的通行宽度一般为(　　)。
   A.450~500 mm　B.500~550 mm　C.550~600 mm　D.600~650 mm

4. 走道的净宽度一般不小于(　　)。
   A.1 000 mm　　B.1 100 mm　　C.1 200 mm　　D.1 300 mm

5. 考虑无障碍设计时,为方便轮椅的自由回转,门扇内外预留空间直径不小于(　　)。
   A.1 300 mm　　B.1 400 mm　　C.1 500 mm　　D.1 600 mm

6. 走道的设计长度与下列哪个因素相关？(　　)
   A.建筑的耐火等级　　　　　B.走道的布置方式
   C.建筑物的使用性质　　　　D.以上三项都有影响

7. 中学教学楼的内走道宽度与外廊的净宽要求不应小于下列哪个选项？(　　)
   A.2.4 m 和 1.2 m　　　　　　B.3.6 m 和 1.8 m
   C.1.5 m 和 1.5 m　　　　　　D.2.4 m 和 1.8 m

8. 为满足采光要求,一般单侧采光的房间深度不大于窗上口至地面距离的(　　)倍。
   A.1　　　　B.2　　　　C.3　　　　D.4

9. 为满足采光要求,一般双侧采光的房间深度不大于窗上口至地面距离的(　　)倍。
   A.1　　　　B.2　　　　C.3　　　　D.4

10. 建筑高度大于 54 m 的建筑,每个单元每层的安全出口不应少于(　　)。

A.1个　　　B.2个　　　C.3个　　　D.4个

11. 建筑平、立、剖面设计三者是密切联系又相互制约的,在进行方案设计时,通常是从下列哪个选项入手?(　　)

　　A.平面　　　B.立面　　　C.剖面　　　D.三者都可以

12. 住宅的使用面积是指(　　)。

　　A.居住面积减去结构面积　　　B.建筑面积减去辅助面积

　　C.建筑面积减去结构面积　　　D.居住面积加上辅助面积

三、多项选择题

1. 建筑物的总建筑面积计算中包含下列哪些选项所占用的面积?(　　)

　　A.使用部分　　　B.维护分隔部分

　　C.室外绿化部分　　　D.交通联系部分

2. 下列选项中,与建筑使用空间平面形状有关的因素是(　　)。

　　A.空间使用人数的多少　　　B.设备的数量和布置方式

　　C.使用者的活动方式　　　D.采光、通风机消防等综合要求

3. 建筑物的交通联系部分的平面尺寸和形状的确定需要考虑下列因素中的(　　)。

　　A.高峰时段货流通过所需的安全尺度

　　B.火灾时的疏散要求

　　C.采光要求

　　D.建筑节能要求

4. 按照使用要求,房间的面积由下列哪些选项构成?(　　)

　　A.家具和设备所占用的面积　　　B.人体的心理需求

　　C.家具设备及活动所需的面积　　　D.房间内部的交通面积

5. 下列选项中,属于住宅建筑中的辅助部分的是(　　)。

　　A.卧室　　　B.书房　　　C.阳台　　　D.卫生间

6. 下列选项中,属于工业建筑中的辅助部分的是(　　)。

　　A.办公室　　　B.更衣室　　　C.生产车间　　　D.仓库

7. 关于大开间住宅特点,下列选项中正确的有(　　)。

　　A.抗震能力较好

　　B.平面组合形式更多样

C.厨房卫生间布置灵活

D.套内没有承重墙,轻质隔墙可拆可变

8. 下列选项中,关于高层民用建筑和厂房疏散门的说法,正确的是(　　)。

A.可以双向开启

B.可采用转门或折叠门

C.应向疏散方向开启

D.开向疏散楼梯的门,当其完全开启时,不应减少楼梯平台的有效宽度

9. 下列关于老年人照料设施的说法中,正确的选项是(　　)。

A.老年人照料设施宜独立设置

B.当公共活动用房设置在地下一层时,每间房间的建筑面积不应大于 200 m²

C.一级耐火等级的老年人照料设施建筑高度不宜大于 54 m

D.三级耐火等级的独立建造的老年人照料设施,不应超过 2 层

10. 下列哪些情况下,必须设置电梯?(　　)

A.七层及七层以上住宅或住户入口层楼面距室外设计地面的高度超过 16 m 时

B.底层作为商店或其他用房的六层及六层以下住宅,其住户入口层楼面距该建筑物的室外设计地面高度超过 16 m 时

C.底层做架空层或贮存空间的六层及六层以下住宅,其住户入口层楼面距该建筑物的室外设计地面高度超过 16 m 时

D.顶层为两层一套的跃层住宅,跃层部分不计层数,其顶层住户入口层楼面距该建筑物室外设计地面的高度超过 16 m 时

§拓展知识

《民用建筑设计统一标准》GB 50352—2019 中关于建筑平面布置的要求如下:

(1)建筑平面应根据建筑的使用性质、功能、工艺等要求合理布局,并具有一定的灵活性。

(2)根据使用功能,建筑的使用空间应充分利用日照、采光、通风和景观等

自然条件。对有私密性要求的房间,应防止视线干扰。

(3)建筑出入口应根据场地条件、建筑使用功能、交通组织以及安全疏散等要求进行设置。

(4)地震区的建筑平面布置宜规整。

此外,本章中提到的建筑采光及通风设计,在《民用建筑设计统一标准》GB 50352—2019 中也有相关的说明。

关于建筑室内光环境:

(1)建筑中主要功能房间的采光计算应符合现行国家标准《建筑采光设计标准》GB 50033—2013 的相关规定。

(2)居住建筑的卧室和起居室(厅)、医疗建筑的一般病房的采光不应低于采光等级Ⅳ级的采光系数标准值,教育建筑的普通教室的采光不应低于采光等级Ⅲ级的采光系数标准值,且应进行采光计算。采光应符合下列规定:

①每套住宅至少应有一个居住空间满足采光系数标准要求,当一套住宅中居住空间总数超过 4 个时,其中应有 2 个及以上满足采光系数标准要求。

②老年人居住建筑和幼儿园的主要功能房间应有不小于 75% 的面积满足采光系数标准要求。

(3)有效采光窗面积计算应符合下列规定:

①侧面采光时,民用建筑采光口离地面高度 0.75 m 以下的部分不应计入有效采光面积。

②侧窗采光口上部的挑檐、装饰板、防火通道及阳台等外部遮挡物在采光计算时,应按实际遮挡参与计算。

(4)建筑照明的数量和质量指标应符合现行国家标准《建筑照明设计标准》GB 50034—2013 的规定。各场所的照明评价指标应符合表 3.1 的规定。

表 3.1 各场所的照明评价指标

建筑类别	评价指标
居住建筑	照度、显色指数
公共建筑	照度、照度均匀度、统一眩光值、显色指数
通用房间或场所	照度、照度均匀度、统一眩光值、显色指数
博物馆建筑	照度、照度均匀度、统一眩光值、显色指数、年曝光量
体育建筑	水平照度、垂直照度、照度均匀度、眩光指数、显色指数、色温

关于建筑室内风环境:

(1)建筑物应根据使用功能和室内环境要求设置与室外空气直接流通的外窗和洞口;当不能设置外窗和洞口时,应另设置通风设施。

(2)采用直接自然通风的空间,通风开口有效面积应符合下列规定:

①生活、工作的房间的通风开口有效面积不应小于该房间地面面积的1/20。

②厨房的通风开口有效面积不应小于该房间地板面积的1/10,并不得小于0.6 m²。

③进出风开口的位置应避免设置在通风不良区域,且应避免进出风开口气流短路。

(3)严寒地区居住建筑中的厨房、厕所、卫生间应设自然通风道或通风换气设施。

(4)厨房、卫生间的门的下方应设进风固定百叶或留进风缝隙。

(5)自然通风道或通风换气装置的位置不应设于门附近。

(6)无外窗的浴室、厕所、卫生间应设机械通风换气设施。

(7)建筑内的公共卫生间宜设置机械排风系统。

§参考答案

一、填空题

1. 平面图
2. 使用;交通联系

二、单项选择题

1. A
2. D
3. C
4. B
5. C
6. D
7. D

8. B

9. D

10. B

11. A

12. C

三、多项选择题

1. ABD

2. BCD

3. ABCD

4. ACD

5. CD

6. ABD

7. BD

8. CD

9. ABD

10. ABCD

第4章 建筑物各部分高度的确定和剖面设计

§学习指引

(1)建筑物的各部分除了在水平方向有明确的组合关系外,在垂直方向也存在一定的组合关系。学习时重点对建筑剖面进行研究,注意探讨建筑空间的利用问题。

(2)要掌握建筑物常用的标高系统,各标高系统之间的区别及各标高系统各自的应用场景;理解建筑物高度的影响因素;掌握建筑剖面的几种常用组合方式。

(3)理解建筑图纸中的标高(建筑标高)是完成面的标高,而实际结构工程的结构标高与建筑标高之间相差一个结构面层材料的厚度,看图时应注意区别建筑标高和结构标高;对于屋面造型较为复杂的结构,其屋面标高应以图纸说明为主。

§练习题

一、填空题

1. 在适当的位置将建筑物从上至下垂直剖切,用于展示结构内部并沿剖切面得到的正投影图称为_____。

2. 一般将建筑物底层室内主要指定地面的高度定义为_____。

3. 建筑设计中,各部分在垂直方向的位置及高度表示中,标高的单位是_____。

4. 建筑物内某一层楼(地)面到其上部构件或吊顶底面的垂直距离,被称为_____。

5. 当建筑剖面采用分段式组合设计时,如果在同一楼层上形成了不同的楼面标高,这种设计被称为_____。

6. 对于独栋建造的幼儿园、托儿所等建筑,考虑使用安全及便于儿童与室外活动场地的连续,其层数一般不超过_____层。

二、单项选择题

1. 在建筑设计中,建筑物各部分在垂直方向的位置及高度由下列哪个标高系统来表示?( )

   A.绝对标高　　B.相对标高　　　C.光面标高　　D.建筑标高

2. 在建筑设计中,基地红线图及土质、水文等资料所用到的标高属于(　　)。

   A.绝对标高　　B.相对标高　　　C.光面标高　　D.建筑标高

3. 建筑物的层高是指(　　　　)。

   A.房屋吊顶到地面的距离

   B.建筑物上、下两层楼(地)面间的距离

   C.建筑物上层梁底到下层楼(地)面间的距离

   D.建筑物上层板底到下层楼(地)面间的距离

4. 建筑剖面组合设计时,将使用功能联系紧密且高度一致的空间组合在一起的剖面组合方式为(　　　)。

   A.并联式组合　B.串联式组合　　C.分段式组合　D.分层式组合

5. 中学普通教室净高一般取(　　　　)。

   A.2 400～2 700 mm　　　　　　B.2 700～3 000 mm

   C.3 300～3 600 mm　　　　　　D.4 200～4 500 mm

6. 为保证建筑内外联系方便,室外踏步级数一般不超过四级,地面高差不大于(　　　)。

   A.400 mm　　B.600 mm　　　C.800 mm　　D.1 000 mm

7. 建筑剖面组合设计时,在同一层中将不同层高的空间分段组合,且在垂直方向重复,这种剖面组合方式被称为(　　　　)。

   A.并联式组合　B.串联式组合　　C.分段式组合　D.分层式组合

8. 一般民用建筑,其窗台的高度为(　　　　)。

   A.900～1 000 mm　　　　　　B.1 000～1 100 mm

   C.1 100～1 200 mm　　　　　　D.1 200～1 300 mm

9. 独立建造的一、二级耐火等级老年人照料设施的建筑高度不宜大于( )。

　　A.27 m　　　　B.32 m　　　　C.48 m　　　　D.54 m

10. 学校合班教室的地面起坡或阶梯地面的实现升高值一般为( )。

　　A.100 mm　　B.120 mm　　C.150 mm　　D.180 mm

11. 楼梯梯段上部的最小净空不得低于( )。

　　A.2 000 mm　B.2 100 mm　C.2 200 mm　D.2 400 mm

12. 一般民用住宅,起居室最小净高应使人举手不接触到顶棚为宜,为此,房间净高不应低于( )。

　　A.2.4 m　　　B.2.2 m　　　C.2.1 m　　　D.2.0 m

13. 如图4.1所示,左侧设计视点的高低与地面起坡大小的关系是( )。

　　A.正比关系　B.反比关系　C.不会改变　D.毫无关系

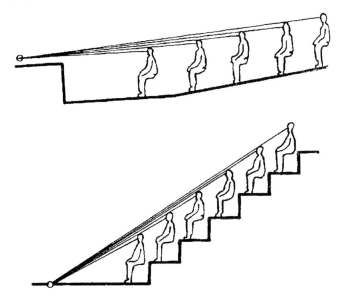

图 4.1　设计视点与地面起坡

三、多项选择题

1. 建筑物每一部分的高度包含( )。

　　A.使用高度　B.结构高度　　C.施工高度　D.设备占用高度

2. 决定建筑物某部分净高时,需要考虑下列因素中的( )。
   A.家具的摆放位置　　　　　B.设备的安置和使用高度
   C.人活动所需要的使用高度　D.生理、心理要求的其他标准
3. 建筑剖面常用的组合方式有( )。
   A.分层式组合　B.串联式组合　C.分段式组合　D.并联式组合

四、简答题

1. 建筑层数和总高度的影响因素有哪些?
2. 不同高度的房间在空间组合中应如何处理?

§拓展知识

《民用建筑设计统一标准》GB 50352—2019 中,对建筑层高和室内净高有明确说明:

(1)建筑层高应结合建筑使用功能、工艺要求和技术经济条件等综合确定,并符合国家现行相关建筑设计标准的规定。

(2)室内净高应按楼地面完成面至吊顶、楼板或梁底面之间的垂直距离计算;当楼盖、屋盖的下悬构件或管道底面影响有效使用空间时,应按楼地面完成面至下悬构件下缘或管道底面之间的垂直距离计算。

(3)建筑用房的室内净高应符合国家现行相关建筑设计标准的规定,地下室、局部夹层、走道等有人员正常活动的最低处净高不应小于 2.0 m。

此外,《住宅设计规范》GB 50096—2011 中,对住宅内部空间净高也有明确要求,节选其中部分条文如下:

(1)卧室、起居室(厅)的室内净高不应低于 2.40 m,局部净高不应低于 2.10 m,且局部净高的室内面积不应大于室内使用面积的 1/3。

(2)利用坡屋顶内空间作卧室、起居室(厅)时,至少有 1/2 的使用面积的室内净高不应低于 2.10 m。

§参考答案

一、填空题

1. 剖面图
2. ±0.000
3. 米(m)
4. 净高
5. 错层设计
6. 三

二、单项选择题

1. B
2. A
3. B
4. D
5. C
6. B
7. C
8. A
9. B
10. B
11. C
12. A
13. B

三、多项选择题

1. ABD
2. BCD
3. AC

四、简答题

1. 建筑层数和总高度的影响因素有哪些?

(1)城镇规划的要求。

(2)建筑物的使用性质。

(3)选用的建筑结构类型和建筑材料。

(4)所在地区的消防能力。

2. 不同高度的房间在空间组合中应如何处理?

(1)层高相近的房间:叠加处理。

(2)层高不相近且高差较小的房间:调整为相同层高或设置台阶、坡道。

(3)层高相差较大的房间:把少量、大面积、高层高的房间设在底层、顶层或单独附设。

第5章 建筑物体型设计和立面设计

§学习指引

(1)建筑是"凝固的音乐",是用结构来表达思想的科学性艺术。因此,建筑物在满足使用功能要求的同时,其体型、立面以及内外空间的组合,都应在视觉和精神上给人带来某种感受,而这也正是建筑的永恒魅力所在。

(2)要理解建筑物体型设计和立面设计所要遵循的原则,了解建筑视觉和构图的常用规律,理解建筑体型组合的常用方式。

(3)建议多渠道了解国内外经典建筑的建设背景及历史文化特点,特别是如博物馆、体育馆、纪念馆等公共建筑,它们不仅反映了社会的经济基础,更展示了当地的精神、文化面貌,可从建筑的角度了解一段历史,了解一座城市,甚至了解一个国家。

§练习题

一、填空题

1. 偏重建筑物各个立面以及其外表面上所有构件的形式、比例关系和表面装饰效果的设计工作是指_____。

二、单项选择题

1. 住宅建筑常利用阳台与凹廊形成( )的变化。
   A.粗糙与细微 B.虚实与凸凹 C.厚重与轻盈 D.简单与复杂
2. 一切形式美的基本规律是( )。
   ①对比 ②统一 ③虚实 ④变化
   A.①② 　　　B.①③ 　　　C.②③ 　　　D.②④
3. 建筑立面常采用( )反映建筑物真实大小。

①门窗　②细部　③轮廓　④质感
A.①②④　　B.②③　　C.①②　　D.①②③

4.建筑物各要素重复或渐变出现所采用的构图法则是(　　)。
A.均衡　　B.稳定　　C.韵律　　D.比例

5.下列选项中,不属于建筑物立面造型重点处理的部位是(　　)。
A.屋面　　B.主要出入口　　C.临街立面　　D.型体转角

6.阳台、浴室、厨房的地面标高较其他房间地面标高而言(　　)。
A.低 10~20 mm　B.低 20~50 mm　C.高 10~20 mm　D.一样高度

7.某建筑层高 3 m,楼板厚度为 120 mm,梁高度为 600 mm,则其二层地面标高为(　　)。
A.±0.000 m　　B.3.000 m　　C.3.120 m　　D.3.720 m

三、多项选择题

1.复杂体型组合中,各体量之间的联系方式包括(　　)。
A.连接　　B.咬接　　C.以走廊相连　　D.以连接体相连

2.建筑体型组合时,常用的组合方式包括(　　)。
A.对称式布局　　　　B.地下空间的拉伸
C.水平方向的错位设计　　D.垂直方向的切割

3.下列建筑类型中,常采用对称式布局的是(　　)。
A.购物中心　　B.政府机关　　C.纪念馆　　D.博物馆

4.建筑立面设计时,下列选项中要特别注意的内容有(　　)。
A.尺度和比例的协调性　　B.节奏的变化和韵律感
C.虚实的对比和变化　　D.材料的色彩和质感

四、简答题

1.设计建筑物体型和立面时,需要满足哪些方面的要求?
2.简述建筑立面设计的设计步骤。

§ 拓展知识

城市的建筑风格一般都要经历较长时间的积淀,具有特定的历史渊源和人文特点,并随时间逐步形成城市或地区的特有风格。因此,无论新建项目还是改建项目,均应充分考虑建筑环境、自然环境及人文环境的影响。《民用建筑设计统一标准》GB 50352—2019 中,涉及建筑体型的具体要求如下:

建筑设计应注重建筑群体空间与自然山水环境的融合与协调、历史文化与传统风貌特色的保护与发展、公共活动与公共空间的组织与塑造,并应符合下列规定:

(1)建筑物的形态、体量、尺度、色彩以及空间组合关系应与周围的空间环境相协调。

(2)重要城市界面控制地段建筑物的建筑风格、建筑高度、建筑界面等应与相邻建筑基地建筑物相协调。

(3)建筑基地内的场地、绿化种植、景观构筑物与环境小品、市政工程设施、景观照明、标识系统和公共艺术等应与建筑物及其环境统筹设计、相互协调。

(4)建筑基地内的道路、停车场、硬质地面宜采用透水铺装。

(5)建筑基地与相邻建筑基地建筑物的室外开放空间、步行系统等宜相互连通。

§参考答案

一、填空题

1. 建筑立面设计

二、单项选择题

1. B
2. D
3. C
4. C
5. A
6. B
7. B

三、多项选择题

1. ABCD
2. ACD
3. BCD
4. ABCD

四、简答题

1. 设计建筑物体型和立面时,需要满足哪些方面的要求?

(1)符合基地环境和总体规划的要求。

(2)符合建筑功能的需要和建筑类型的特征。

(3)合理运用某些视觉和构图的规律。

(4)符合建筑所选用的结构系统的特点及技术的可能性。

(5)掌握相应的设计标准和经济指标。

2. 简述建筑立面设计的设计步骤。

(1)描绘基本轮廓。根据内部空间及平剖面,描绘各立面的基本轮廓。

(2)推敲比例关系。

(3)协调不同立面。

(4)确定细部构造。

(5)突出重点部位。

(6)综合建筑功能、物质技术条件、建筑形象三个要素,全面考虑功能、技术、美观三者的关系。

第6章 建筑在总平面图中的布置

§学习指引

(1)建筑项目的整体布局和规划需要从全局角度出发,以可持续发展的理念构思建筑建成后的环境整体效果。

(2)学习时要求掌握用地红线的概念,了解建筑红线的设定意义,理解建筑物与用地红线之间的关系,明确建筑周边环境与建筑之间的关系分类,以及各类关系中需要重点关注的问题。

(3)相关国家规范、标准及法律法规,是工程技术人员必须严格执行的国家条例。通过本章内容的学习,要建立一切设计均遵守国家条例的良好习惯。

§练习题

一、填空题

1. 工程项目立项时,由规划部门在下发的场地蓝图上圈定、用于确定各类建筑工程用地权属范围的边界线被称为_____。

2. 在一定用地范围内,建筑物基底面积总和与总用地面积的比率(%)被称为_____。

3. 在一定用地及计容范围内,建筑面积总和与用地面积的比值被称为_____。

4. 在一定用地范围内,各类绿地总面积占该用地总面积的比率(%)被称为_____。

5. 在建筑的全生命周期内,能最大限度地节约资源、保护环境和减少污染,为人们提供健康、适用和高效的使用空间,与自然和谐共生的建筑被称为_____。

二、单项选择题

1. 《中小学校设计规范》GB 50099—2011 中规定,各类教室的外窗与相对的教学用房或室外运动场地边缘间的距离不应小于(   )。

   A.25 m   B.30 m   C.35 m   D.40 m

2. 建筑物基地蓝图上,用地红线拐点标注采用的坐标系,下列说法中不正确的是(   )。

   A.南北方向为 X 轴   B.东西方向为 Y 轴
   C.采用相对坐标系   D.采用国家大地坐标系

3. 建筑密度与容积率之间的关系,下列说法中不正确的是(   )。

   A.容积率相同的情况下,建筑密度越大,楼层高度越低
   B.建筑密度相同情况下,容积率越大,楼层高度越高
   C.二者没有关系
   D.A 和 B 选项都正确

4. 当地基坡度较小时,最优的建筑布置方式为(   )。

   A.平行等高线布置   B.垂直等高线布置
   C.斜交等高线布置   D.上述三种都可以

5. 建筑物与用地红线之间的关系,下列说法中不正确的是(   )。

   A.台阶不得突出城市道路红线之外
   B.上部的造型不受城市道路红线的限制
   C.相邻基础之间,应在边界红线范围以内留出防火通道或空地
   D.建筑用地红线有可能与道路红线重合

6. 建筑获得日照的状况及有效的日照时间,与下列哪个因素无关(   )。

   A.所处气候区   B.建筑使用性质
   C.建筑实际高度   D.城市规模

7. 《城市居住区规划设计标准》GB 50180—2018 中规定,老年人居住建筑日照标准不应低于冬至日日照时数(   )。

   A.1 h   B.2 h   C.3 h   D.4 h

8. 如图 6.1 所示,图中的 α 角被称为(   )。

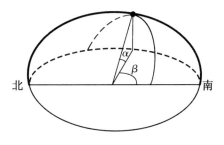

图 6.1　第 8、9 题图

A.建筑投影角　　　　　　　　B.建筑与太阳夹角

C.太阳方位角　　　　　　　　D.太阳高度角

9. 如图 6.1 所示,图中的 β 角被称为(　　)。

A.建筑投影角　　　　　　　　B.建筑与太阳夹角

C.太阳方位角　　　　　　　　D.太阳高度角

10. 在场地总体设计中,建筑容积率反映建筑对土地的有效利用率。容积率的定义是(　　)。

A.建筑基底面积/总用地面积　　B.建筑基底面积/总建筑面积

C.总建筑面积/总用地面积　　　D.建筑使用面积/总建筑面积

11. 在建筑面积与基底面积比值一定的条件下,下列选项中说法正确的是(　　)。

A.建高层会增大建筑密度　　　B.建高层可以扩大绿化用地

C.建低层会减小建筑密度　　　D.建低层可以扩大绿化用地

12. 日照间距是指前后两排南向房屋之间,为保证后排房屋在冬至日(或大寒日)底层获得不低于 2 h 的满窗日照(日照)而保持的最小间隔距离。日照间距的计算方法是(　　)。

A.冬至日正午的太阳能照到后排房屋底层窗上檐高度

B.冬至日正午的太阳能照到后排房屋底层窗中间高度

C.冬至日正午的太阳能照到后排房屋底层窗窗台高度

D.冬至日正午的太阳能照到后排房屋底层地面高度

13. 基地详情如图 6.2 所示,比例尺为 1∶100,则基地实际面积为(　　)。

A.76 m^2　　　　B.92 m^2　　　　C.124 m^2　　　　D.148 m^2

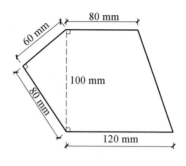

图 6.2　基地详情

三、多项选择题

1. 建筑物与用地红线关系应满足(　　)。
   A.退界要求　　B.朝向要求　　C.高度限制　　D.开口要求
2. 风玫瑰图所能展示的信息包含(　　)。
   A.冬季主导风向　　　　　　B.常年主导风向
   C.夏季主导风向　　　　　　D.风向频率
3. 建筑物与基地等高线之间的摆放关系包含(　　)。
   A.建筑物平行于基地等高线　　B.建筑物垂直于基地等高线
   C.建筑物交叉于基地等高线　　D.建筑物斜交于基地等高线
4. 关于中、小学校总平面布置中所指的"动""静"要分开的说法,正确的是(　　)。
   A.要避免校外噪声对校内的干扰
   B.限制课外活动和体育课的时间,以保证教学楼的安静
   C.要解决好校内自身相互干扰
   D.校园内可不设运动场,以免造成噪声干扰

四、简答题

1. 什么是日照标准?
2. 建筑物与用地红线间的退界要求具体包含哪些内容?

§拓展知识

本章内容中提到了建筑间距应符合防火规范的要求。《建筑设计防火规范》GB 50016—2014(2018年版)中,对建筑的总平面图布局的规定节选如下:

在总平面布局中,应合理确定建筑的位置、防火间距、消防车道和消防水源等,不宜将民用建筑布置在甲、乙类厂(库)房,甲、乙、丙类液体储罐,可燃气体储罐和可燃材料堆场的附近。

民用建筑之间的防火间距不应小于表6.1的规定。

表6.1 民用建筑之间的防火间距　　　　　　　　　　　　m

建筑类别		高层民用建筑	裙房和其他民用建筑		
		一、二级	一、二级	三级	四级
高层民用建筑	一、二级	13	9	11	14
裙房和其他民用建筑	一、二级	9	6	7	9
	三级	11	7	8	10
	四级	14	9	10	12

注:1. 相邻两座单、多层建筑,当相邻外墙为不燃性墙体且无外露的可燃性屋檐,每面外墙上无防火保护的门、窗、洞口不正对开设且该门、窗、洞口的面积之和不大于外墙面积的5%时,其防火间距可按本表的规定减少25%。

2. 两座建筑相邻较高一面外墙为防火墙,或高出相邻较低一座一、二级耐火等级建筑的屋面15 m及以下范围内的外墙为防火墙时,其防火间距不限。

3. 相邻两座高度相同的一、二级耐火等级建筑中相邻任一侧外墙为防火墙,屋顶的耐火极限不低于1.00 h时,其防火间距不限。

4. 相邻两座建筑中较低一座建筑的耐火等级不低于二级,相邻较低一面外墙为防火墙且屋顶无天窗,屋顶的耐火极限不低于1.00 h时,其防火间距不应小于3.5 m;对于高层建筑,不应小于4 m。

5. 相邻两座建筑中较低一座建筑的耐火等级不低于二级且屋顶无天窗,相邻较高一面外墙高出较低一建筑的屋面15 m及以下范围内的开口部位设置甲级防火门、窗,或设置符合现行国家标准《自动喷水灭火系统设计规范》GB 50084[①]规定的防火分隔水幕或GB 50016—2014(2018年版)第6.5.3条规定的防火卷帘时,其防火间距不应小于3.5 m;对于高

[①]现行版本为GB 50084—2017。

层建筑,不应小于 4 m。

6. 相邻建筑通过连廊、天桥或底部的建筑物等连接时,其间距不应小于本表的规定。

7. 耐火等级低于四级的既有建筑,其耐火等级可按四级确定。

§ 参考答案

一、填空题

1. 用地红线

2. 建筑密度

3. 容积率

4. 绿地率

5. 绿色建筑

二、单项选择题

1. A

2. C

3. C

4. B

5. B

6. C

7. B

8. D

9. C

10. C

11. B

12. C

13. C

三、多项选择题

1. ACD

2. BCD

3. ABD

4. AC

四、简答题

1. 什么是日照标准？

根据建筑物所处的气候区、城市规模和建筑物的使用性质确定的,在规定的日照标准日(冬至日或大寒日)的有效日照时间范围内,以有日照要求楼层的窗台面为计算起点的建筑外窗获得的日照时间。

2. 建筑物与用地红线间的退界要求具体包含哪些内容？

(1)建筑物应根据城市规划的要求,将其基底范围,包括基础和除去与城市管线相连接的部分以外的埋地管线,都控制在红线范围之内。如果城市规划主管部门对建筑物退界距离还有其他要求,也应一并遵守。

(2)建筑物的台阶、平台不得突出于城市道路红线之外。其上部的突出物也应该在相关规范规定的高度以上和范围之内,才允许突出城市道路红线之外。

(3)建筑物与相邻基地之间,应在边界红线范围以内留出防火通道或空地。只有当建筑物前后都留有空地或道路,并符合消防要求时,才能与相邻基地的建筑毗邻建造。

第3篇　常用结构体系所适用的建筑类型

第7章　墙体承重结构所适用的建筑类型

§学习指引

(1)学习本篇时要更偏重于对建筑整体的传力体系的把控,课程中对目前建筑市场常用的结构类型有较为详细的介绍,学习时要结合周边实际结构情况,对照规范中的内容进行比对学习,以理论和实际相结合的形式,增强对结构支承系统的认知。

(2)掌握几种常用的墙体承重结构体系布置形式以及各种布置形式的优缺点;了解砌体墙承重体系的特点及其所适用的建筑类型;掌握混凝土墙体承重体系的特点及其适用的建筑类型。

(3)由于材料、构件构成关系、力学特征等方面存在差异,因此不同类型的结构体系所适用的建筑类型也不尽相同。在实际工作中,要综合考虑建筑美学、结构力学、工程经济等多方面因素,尽可能通过方案优化的手段获得更合理的建设方案。

§练习题

一、填空题

1. 以部分或全部建筑外墙以及若干固定不变的建筑内墙作为垂直支承系统的结构被称为_____。

2. 根据建筑物的建造材料和高度、荷载等要求,墙体承重体系主要分为_____体系和_____体系。

3. 建筑中主要用于承受荷载、防止结构受剪破坏的墙体被称为_____,又称抗风墙、抗震墙。

4. 钢筋混凝土墙承重体系的承重墙可以分为_____和_____两种主要形式。

5. 由剪力墙组成的承受竖向和水平作用的结构被称为_____。

二、单项选择题

1. 关于墙体承重结构支承系统,下列说法中错误的是(　　)。
   A.承重墙上不能设有过多的洞口　B.承重墙体的位置不可以任意改变
   C.砌体承重墙高度不受限制　　　D.剪力墙可以承受水平荷载

2. 考虑承重墙体布置时,下列说法中正确的是(　　)。
   A.横墙承重,纵向可以获得较大的开窗面积
   B.高烈度地区,纵墙承重方案应谨慎使用
   C.兼顾建筑空间分隔的需要
   D.上述三种说法都正确

3. 下列结构形式,适用于采用墙体承重的支承系统的是(　　)。
   A.展厅　　　　B.体育馆　　　　C.幼儿园　　　D.高层住宅

三、多项选择题

1. 墙体承重结构支承系统的墙体布置一般可以分为(　　)。
   A.横墙承重　　B.纵墙承重　　　C.楼板承重　　D.纵横墙混合承重

2. 墙体承重结构支承系统适用于下列哪些情况?(　　)
   A.使用周期内室内空间功能相对固定
   B.使用周期内室内空间尺寸相对固定
   C.使用周期内需要灵活分隔空间
   D.内部要求较为空旷的建筑

3. 下列选项中,关于预制装配式钢筋混凝土墙承重体系的说法中,正确的是(　　)。
   A.建筑平面较为规整　　　　　　B.纵墙承重居多

C.制造的工业化程度较高　　　　D.构件形式比较自由

4.下列选项中,关于现浇钢筋混凝土墙承重体系的说法中,正确的是(　　)。

A.多采用纵墙承重　　　　　　B.适用于高层建筑
C.抗弯、抗剪性能优越　　　　D.墙体布置较为灵活

§拓展知识

所谓砌体墙承重,其实是砌体墙与混凝土构造柱、构造梁共同承重的混合承重体系。构造柱、构造梁属于墙体构造措施。相比混凝土墙体结构而言,砌体墙的整体性略差,《建筑抗震设计规范》GB 50011—2010(2016年版)中,对砌体结构的层数及高度都有明确要求。其中,对于普通砖(包括烧结、蒸压、混凝土普通砖)、多孔砖(包括烧结、混凝土多孔砖)和混凝土小型空心砌块等砌体承重的多层房屋,底层或底部两层框架-抗震墙砌体房屋,房屋的层数、总高度、层高、高宽比、抗震横墙间距等要求,应参考该规范"7 多层砌体房屋和底部框架砌体房屋"中的相关内容,部分条文如下:

(1)底部框架-抗震墙砌体房屋的底部,层高不应超过4.5 m;当底层采用约束砌体抗震墙时,底层的层高不应超过4.2 m。

【注】当使用功能确有需要时,采用约束砌体等加强措施的普通砖房屋,层高不应超过3.9 m。

(2)多层砌体房屋总高度与总宽度的最大比值,宜符合表7.1的要求。

表7.1　房屋最大高宽比

烈度	6	7	8	9
最大高宽比	2.5	2.5	2.0	1.5

注:1.单面走廊房屋的总宽度不包括走廊宽度。
　　2.建筑平面接近正方形时,其高宽比宜适当减小。

(3)房屋抗震横墙的间距,不应超过表7.2的要求。

表 7.2　房屋抗震横墙的间距　　　　　　　　　　m

房屋类别		烈度			
		6	7	8	9
多层砌体房屋	现浇或装配整体式钢筋混凝土楼、屋盖	15	15	11	7
	装配式钢筋混凝土楼、屋盖	11	11	9	4
	木屋盖	9	9	4	—
底部框架-抗震墙砌体房屋	上部各层	同多层砌体房屋			—
	底层或底部两层	18	15	11	—

注：1. 多层砌体房屋的顶层，除木屋盖外的最大横墙间距应允许适当放宽，但应采取相应加强措施。

2. 多孔砖抗震横墙厚度为 190 mm 时，最大横墙间距应比表中数值减少 3 m。

混凝土结构分为现浇式、预制装配式和装配整体式三种形式。其中，装配整体式混凝土结构的定义在《混凝土结构设计规范》GB 50010—2010（2015年版）中有明确定义，具体为：由预制混凝土构件或部件通过钢筋、连接件或施加预应力加以连接，并在连接部位浇筑混凝土而形成整体受力的混凝土结构。由于装配整体式混凝土结构具有标准化程度高、构件整体性好、现场工作量小、施工效率高、环境污染少等优点，近年来，其发展速度较快，陆续出台的相关政策也对其发展起到了良好的推动作用，规范体系越来越全面。

任何一门学科的学习都要与时俱进，因此在平时的学习和工作中，要时刻关注行业最新发展动态，了解行业前沿科技，这对扩展专业视野、激发专业灵感很重要。建议读者可以通过互联网等渠道，做一些相关的查阅，以便了解建筑行业最新的发展情况。

§参考答案

一、填空题

1. 墙体承重结构
2. 混合结构；钢筋混凝土墙承重
3. 剪力墙
4. 预制装配式；现浇式

5. 剪力墙结构

二、单项选择题

1. C
2. D
3. C

三、多项选择题

1. ABD
2. AB
3. AC
4. BCD

第8章 骨架结构体系所适用的建筑类型

§学习指引

(1)骨架结构承重体系其实质是格构化之后的墙体承重结构体系。通过这样的处理,减少了墙体的数量,使得建筑内部空间的分隔更加灵活,也更具通透性,既方便了使用,同时也改善了视觉效果。

(2)掌握常用的骨架结构承重体系的特点及其所适用的建筑类型,对给定的建筑,能通过荷载传力特点分析和判定其体系类别。

(3)建议结合实际工程,对比分析骨架结构承重体系与墙体承重体系以及即将学习的空间结构体系之间的区别和联系,总结各体系适用的结构类型特点,通过案例与比较相结合的形式,加深对结构传力路径的理解。

§练习题

一、填空题

1. 由梁和柱为主要构件组成的承受竖向和水平作用的结构被称为_____。
2. 由框架和剪力墙共同承担竖向和水平作用的结构被称为_____。
3. 由竖向筒体为主组成的承受竖向和水平作用的结构被称为_____。
4. 设置转换结构构件的楼层被称为_____。
5. 设置在砖混结构房屋两端山墙内,抵抗水平风荷载的钢筋混凝土构造柱简称为_____。

二、单项选择题

1. 下列选项中,不属于骨架承重体系的是( )。
   A.短肢剪力墙 B.框架结构体系 C.单层刚架 D.板柱结构体系

2. 下列选项中,不属于框架结构承重构件的是( )。

 A.框架梁   B.构造柱   C.楼板   D.框架柱

3. 拱的受力情况,以承受下列哪种形式的作用为主?( )

 A.弯矩   B.剪力   C.轴力   D.扭矩

4. 重型单层厂房常用的结构形式为( )。

 A.框架结构   B.剪力墙结构   C.排架结构   D.刚架结构

三、多项选择题

1. 关于框架结构对于建筑布局灵活性的体现,表现在以下哪些方面?( )

 A.内部需要较多大空间   B.空间平面相对规整

 C.空间使用功能无法变更   D.难以用墙体承重的公共建筑

2. 框架结构中,梁、柱的合理布置主要包含( )。

 A.柱网的对位关系   B.建筑平面不能有转折

 C.合适的柱距   D.合适的主、次梁关系

3. 框架结构体系的几种常见承重形式包括( )。

 A.斜向框架承重   B.横向框架承重

 C.纵向框架承重   D.纵横向框架混合承重

4. 关于板柱体系的特点,下列说法中正确的是( )。

 A.用柱子支承楼板   B.一般不用再吊顶

 C.可以降低层高   D.柱距越大越经济

5. 筒体结构中筒体的构成形式包括( )。

 A.由剪力墙围成的薄壁筒   B.由构造柱围成的核心筒

 C.由密柱框架围成的框筒   D.由壁式框架围成的框筒

6. 关于单层刚架的特点,下列说法中正确的是( )。

 A.梁跨中间节点不得采用铰接连接

 B.结构计算上属于平面受力体系

 C.梁柱之间的连接为刚性连接

 D.适用跨度较大

§拓展知识

骨架结构承重体系研究涉及一个非常庞大且复杂的知识系统,其侧重研究荷载作用下骨架结构承重体系的力学反应,对力学基础要求比较高,其中的任一种体系类型,如框架体系、框剪体系、框筒体系等,都包含值得深入探讨的力学问题,而其对应设计中的构造重点也不尽相同。《高层建筑混凝土结构技术规程》JGJ 3—2010 中就常用的几种骨架结构承重体系,均做了较为详细的介绍。其他如《混凝土结构设计规范》GB 50010—2010(2015 年版)、《预应力混凝土结构设计规范》JGJ 369—2016 等也有部分内容涉及骨架结构承重体系。本章介绍的筒体结构是目前高层建筑中最为常用的结构承重体系。对于荷载较为复杂的超高层建筑,其结构形式还会在原有传统结构形式上继续发展、延伸。目前国内最高建筑上海中心大厦就采用核心筒+伸臂+巨型框架的组合形式。

关于板柱体系、刚架体系、排架体系、拱的构造要求,可参考《整体预应力装配式板柱结构技术规程》CECS 52:2010、《门式刚架轻型房屋钢结构》02SG518-1、《门式刚架轻型房屋钢结构(有悬挂吊车)》02SG518-2、《门式刚架轻型房屋钢结构技术规范》GB 51022—2015、《拱形钢结构技术规程》JGJ/T 249—2011 等相关图集和规范。

§参考答案

一、填空题

1. 框架结构
2. 框架-剪力墙结构
3. 筒体结构
4. 转换层
5. 抗风柱

二、单项选择题

1. A
2. B
3. C
4. C

三、多项选择题

1. ABD
2. ACD
3. BCD
4. ABC
5. ACD
6. BCD

第9章 建筑平面的功能分析和平面组合设计

§学习指引

(1)学习中涉及较多建筑平面尺寸数据时,要理解这些数据的具体由来及意义。

(2)明确交通联系部分对建筑各使用部分的影响,要特别关注消防疏散通道的相关要求。

(3)理解建筑的不同使用性质和使用需求对建筑功能分区的影响,了解建筑功能分析的目的,掌握建筑物平面组合的几种常用方式及彼此之间的区别。

§练习题

一、填空题

1. 薄壳属于空间薄壁结构,可细分为_____和_____两种。

2. 按一定规律布置的杆件、构件通过节点连接而构成的空间结构被称为_____。

3. 按一定规律布置的杆件通过节点连接而形成的平板型或微曲面型空间杆系结构,主要承受整体弯曲内力的结构体系被称为_____。

4. 按一定规律布置的杆件通过节点连接而形成的曲面状空间杆系或梁系结构,主要承受整体薄膜内力的结构体系被称为_____。

二、单项选择题

1. 下列选项中,属于膜结构的是(　　)。
   A.国家大剧院　B.水立方　　　　C.鸟巢　　　　D.人民大会堂
2. 悬索结构主要利用的是钢材力学性能中的(　　)。
   A.抗拉性能　B.抗剪性能　　　C.抗弯性能　　D.抗疲劳性能

三、多项选择题

1. 下列选项中,属于网架结构的是(　　)。
   A.平板网架　　B.网壳　　　C.曲面壳　　　D.折板结构
2. 下列选项中,关于网架结构特点的说法,正确的是(　　)。
   A.整体性好　　　　　　　　B.造价较高
   C.制作安装快捷　　　　　　D.空间刚度较大
3. 关于悬索结构的特点,下列说法中正确的是(　　)。
   A.对边缘构件或下部支承构件要求较高　　B.自重较小
   C.稳定性较好　　　　　　　　　　　　　D.结构形式轻盈
4. 膜结构中的膜材质必须是高强纤维的交织物,常用的包括(　　)。
   A.钢纤维　　B.碳纤维　　C.聚酯类织物　　D.玻璃纤维

四、简答题

1. 空间结构体系的特点及其适用范围是什么?

§ 拓展知识

随着社会的进步,人们对建筑美的渴求与日俱增,建筑不仅要满足人们的生产、生活等物质功能需求,也要满足人们精神文化的需求。而建筑体型与立面设计,主要是通过空间处理及艺术处理来实现,其直接影响建筑的整体美感。建筑体型与立面设计是建筑外部设计的两个方面,二者之间存在着密切的联系。建筑的体型设计主要体现在外部轮廓及造型,能直接反映建筑的体量、组合方式及比例尺度等信息,而建筑的立面设计则重点表现为门窗布置、比例尺度、入口细节及色彩装饰等。建筑体型与立面设计多属于建筑师的工作范畴,其需考虑的规范除一些针对性较强的规范,如《民用建筑设计统一标准》GB 50352—2019、《住宅设计规范》GB 50096—2011、《中小学校设计规范》GB 50099—2011 等外,还需关注通用性较强的规范,如《建筑设计防火规范》GB 50016—2014(2018 年版)、《建筑抗震设计规范》GB 50011—2010(2016 年版)等。

建筑工程类别繁多,体型与立面设计千变万化。但无论对于哪一类建筑,在建筑创作时只有坚持原真性,坚持文化与技术并重,坚持传承与创新相统一,才能在滚滚时间洪流中始终保持旺盛的生命力。如何体现建筑与艺术的结合,建筑与科技的融合,同时集创新、协调、绿色、开放、共享的发展理念于一体,对建筑而言是极大的挑战。而通过文化历史符号来完成建筑设计,更是建筑师努力追求的精神层面的文化认同。在现代建筑设计中,如何传承传统建筑文化,是建筑行业的从业人员所面临的考验,对此,你有什么想法呢?

§参考答案

一、填空题

1. 曲面壳;折板
2. 空间网格结构
3. 网架结构
4. 网壳结构

二、单项选择题

1. B
2. A

三、多项选择题

1. AB
2. ACD
3. ABD
4. ABC

四、简答题

1. 空间结构体系的特点及其适用范围是什么?

空间结构体系能充分发挥材料的力学性能,减轻结构自重,增加建筑的覆盖面积;其外形富于变化,支座形式相对灵活且对支座布置位置要求不高。因此,空间结构体系适用于各类民用及工业建筑单体,特别适用于对使用空间有要求的大跨度公共建筑。

第4篇 建筑构造

第10章 建筑构造综述

§学习指引

(1)从本章开始,将对组成建筑物实体的各种构件、部件,特别是建筑物的维护、分隔系统,以及它们之间的构成和连接关系开展详细讨论,重点关注其安全性、适用性及施工的可行性。

(2)房屋建筑学构造是研究房屋各组成部分构造原理和构造方法的科学,主要任务是根据建筑形象、构造形式、构造组成、材料性质、尺寸大小、构造做法和节点连接进行构造设计。

(3)学习时要注意把握建筑构造的研究方法,理解建筑构造的起因,另外,应掌握建筑构造设计中所要遵循的基本原则。

§练习题

一、填空题

1. 在建筑的平、立、剖面图上,通过引出线放大或进一步剖切放大节点的方法,将细部详细表达的图被称为_____。

二、单项选择题

1. 下列选项中,不属于建筑物主要构配件的是(   )。

A.楼板　　　　B.柱子　　　　C.屋顶　　　　D.烟囱

2. 下列选项中,不属于建筑在使用过程中产生的变形的是(　　)。

A.基础沉降　　B.混凝土徐变　　C.侧向位移　　D.钢筋预张拉

3. 下列选项中,不属于建筑物附属构配件的是(　　)。

A.通风道　　B.雨棚　　　　C.门窗　　　　D.阳台

4. 建筑构造详图中,不需要特别标明的是(　　)。

A.构件形状　　B.构件尺寸　　C.构件材料　　D.构件使用年限

三、多项选择题

1. 建筑构造所要关心的几个方面,主要包括(　　)。

A.造成建筑变形的原因

B.建筑材料力学特性

C.自然环境和人工环境的相互影响

D.建筑材料和施工工艺的发展

2. 影响建筑构造的外界环境因素包括(　　)。

A.外界荷载影响　　　　　　B.气候条件影响

C.人类活动影响　　　　　　D.建筑标准影响

3. 建筑构造设计中,最根本的原则包括(　　)。

A.坚固适用　　B.美观大方　　C.技术先进　　D.经济合理

4. 建筑构造需关注建筑的变形,以玻璃幕墙的变形为例,下列说法中正确的是(　　)。

A.风压作用下玻璃幕墙会产生平面外变形

B.温度作用下玻璃幕墙会产生平面内变形

C.自重作用下玻璃幕墙会产生垂直方向变形

D.风吸作用下玻璃幕墙会产生平面内变形

四、简答题

1. 建筑构造研究的对象和目的是什么?
2. 简述建筑构造设计的基本原则。
3. 民用建筑的构造由哪些部分组成?各部分的作用分别是什么?

§拓展知识

"房屋建筑学"课程内容中,通过对建筑各组成部件进行分割,来分别介绍各组成部件的构造细节,从介绍建筑构造的原理开始,具体到工程中常用的建筑构造的细致做法。由于相关内容十分丰富,本书无法面面俱到,只能通过抛砖引玉的形式,吸引大家自主拓展知识。国内规范关于建筑构造的细致做法,有各种图集供学习者、使用者参考。如国标图集《住宅建筑构造》11J930、《平屋面建筑构造》12J201、《墙体节能建筑构造》06J123、《屋面节能建筑构造》06J204、《变形缝建筑构造》(一)04CJ01-01、《变形缝建筑构造》(二)04CJ01-02、《变形缝建筑构造》(三)04CJ01-03、《洁净厂房建筑构造》08J907 等,还有众多未能一一列举的地方及行业相关构造图集。可以说,现有的学习、参考资料十分丰富,读者在学习和工作中,一定要培养独立查阅资料的能力,养成有据可依的设计习惯。

§参考答案

一、填空题

1. 构造详图

二、单项选择题

1. D
2. D
3. C
4. D

三、多项选择题

1. ACD
2. ABC
3. ABCD

4. ABC

四、简答题

1. 建筑构造研究的对象和目的是什么？

建筑构造是在建筑设计后，对建筑各组成部件进行构造原理和构造方法的研究，具有很强的实践性和综合性，其内容涉及建筑材料、建筑物理、建筑力学、建筑结构、建筑施工及建筑经济等多方面的知识。研究建筑构造的主要目的是根据建筑的功能要求，提供适用、安全、经济、美观的构造方案，以此作为建筑设计中综合解决技术问题、进行施工图设计、绘制大样图等的依据。

2. 简述建筑构造设计的基本原则。

(1) 满足建筑的使用功能及变化要求。

(2) 充分发挥材料的各种性能。

(3) 注意施工的可行性与现实性。

(4) 注意感官效果对建筑空间构成的影响。

(5) 讲究经济效益和社会效益。

(6) 符合相关各项建筑法规和规范的要求。

3. 民用建筑的构造由哪些部分组成？各部分的作用分别是什么？

一幢民用建筑，一般由基础、墙体(或柱)、楼板层及地坪层、楼梯、屋顶和门窗等几大部分组成。基础是位于建筑最下部的承重构件，它的作用是承受上部荷载并将其传递给地基。墙体(或柱)是建筑垂直方向的承重构件，外墙起围护作用，内墙起分隔作用。楼板层及地坪层的作用是承受楼板层及地坪层的作用并将其传给墙或柱。楼梯是建筑的垂直交通设施，供人们上下楼层和紧急疏散之用。屋顶是建筑顶部的承重兼围护构件，承受屋面的荷载并将其传给墙或柱，且要满足屋顶的保温、隔热、排水、防火等功能需求。门窗是提供内外交通、采光、通风、隔离的围护构件。

第 11 章 楼地层、屋盖及阳台、雨棚的基本构造

§学习指引

(1)楼地层、屋盖及阳台、雨棚属等建筑物中的水平构件,在整个建筑物受力系统中,属于第一受力层次,作用于上述构件上的恒荷载、活荷载及其自重,需通过传力系统的其他层次传递到建筑的竖向受力构件并进一步传递给基础、地基。因此,水平受力构件的布置,直接影响其他层次受力构件的选型与布置。

(2)本章学习中,要掌握楼地层的分类及基本构造,掌握坡屋顶、平屋顶的基本构造要求,了解阳台、雨棚的常用构造形式。

(3)从本章开始,建筑构造的学习内容更加具体化,学习时要将理论知识与工程案例相结合,以便于了解构造在工程中的呈现方式,加深对构造原理及方法等理论知识的理解。

§练习题

一、填空题

1. 四边支承的楼板,当板的长边尺寸与短边尺寸之比小于 2 时,被称为_____。

2. 钢筋混凝土楼层按施工工艺可以划分为三类,分别是_____、_____和_____。

3. 建筑物的地层构造可以分为_____和_____两种。

4. 屋面坡度超过 1/10 时,称为_____。

5. 坡屋面的坡度是由结构构件的形状或者其支承情况形成的,这种找坡形式被称为_____。

6. 阳台按承重结构的支承方式不同,可以分为_____和_____两种形式。

二、单项选择题

1. 有楼板层的建筑中,楼板层的主要作用不包括下列哪个选项?( )
   A.分隔上下空间   B.组织交通
   C.传递荷载   D.防火、隔声

2. 当房间尺度较小时,楼板可以直接支承在周边构件上,此时选用的楼层类型为(　　)。
   A.板式楼盖   B.梁板式楼盖   C.无梁楼盖   D.悬挑楼盖

3. 两端支承的板式楼盖,其受力类型属于(　　)。
   A.单向板   B.双向板   C.四面板   D.无法判断

4.《混凝土结构通用规范》GB 55008—2021 中规定,现浇钢筋混凝土实心楼板的厚度不应小于(　　)。
   A.70 mm   B.80 mm   C.90 mm   D.100 mm

5.《混凝土结构通用规范》GB 55008—2021 中规定,现浇空心楼板的顶板、底板厚度不应小于(　　)。
   A.50 mm   B.60 mm   C.70 mm   D.80 mm

6. 压型钢板组合楼板按其受力特点,属于(　　)。
   A.单向板   B.双向板   C.四面板   D.无法判断

7. 关于地层构造,下列说法中错误的是(　　)。
   A.地层构造可以分为实铺地层和架空地层两种
   B.当建筑物底层下部有管道通过时,也可以采用架空地层
   C.架空地层在接近室外地面的墙上应预留通风孔
   D.建筑室内地面一般不配筋,除非有特殊需求

8. 对阳台、雨棚等做悬挑处理时,其与建筑物主体的连接方式为(　　)。
   A.半刚半铰连接   B.铰接连接
   C.刚性连接   D.无法判断

三、多项选择题

1. 常见的楼层基本形式包括(　　)。
   A.板式楼盖   B.梁板式楼盖   C.无梁楼盖   D.悬挑楼盖

2. 下列选项中,关于单向板的说法正确的是(　　)。

A.板基本上只在短边方向挠曲　　B.板基本上只在长边方向挠曲

C.荷载主要沿短边方向传递　　D.荷载主要沿长边方向传递

3. 下列选项中,属于梁板式楼盖的是(　　)。

A.板式楼盖　　B.肋形楼盖　　C.密肋楼盖　　D.井格型楼盖

4. 下列选项中,关于无梁楼盖的说法正确的是(　　)。

A.形式上是结构柱与楼板的结合　　B.柱间板缝中可设预应力钢筋

C.整体抗震性能较好　　D.可获得较大的内部空间

5. 常用的预制楼板构件,主要包含下列哪些类型?(　　)

A.预制实心平板　　B.预制槽形板

C.预制异形板　　D.预制空心板

6. 下列选项中,属于装配整体式施工工艺的楼板类型的是(　　)。

A.预制空心板　　B.预制薄板叠合楼板

C.压型钢板组合楼板　　D.预制实心平板

7. 当楼板层的基本构造不能满足使用或构造要求时,可增设附加层,下列选项中属于附加层的是(　　)。

A.隔离层　　B.结构层　　C.找平层　　D.填充层

8. 下列选项中,属于楼板层基本组成的是(　　)。

A.面层　　B.结构层　　C.顶棚层　　D.附加层

9. 按阳台与外墙的相对位置关系,阳台可以分为(　　)。

A.挑阳台　　B.凹阳台　　C.凸阳台　　D.半挑半凹阳台

10. 下列选项中,属于现浇悬挑阳台构造的是(　　)。

A.挑梁式阳台　　B.挑窗式阳台　　C.挑柱式阳台　　D.挑板式阳台

四、简答题

1. 楼板层的设计要求有哪些?

§拓展知识

关于楼盖的构造要求,《高层建筑混凝土结构技术规程》JGJ 3—2010、《装配式混凝土结构技术规程》JGJ 1—2014 中均有详细说明。如《高层建筑混凝土技术规程》JGJ 3—2010 就规定:

（1）房屋高度超过50 m时,框架-剪力墙结构、筒体结构及本规程(JGJ 3—2010)第10章所指的复杂高层建筑结构应采用现浇楼盖结构,剪力墙结构和框架结构宜采用现浇楼盖结构。

（2）房屋高度不超过50 m时,8、9度抗震设计时宜采用现浇楼盖结构;6、7度抗震设计时可采用装配整体式楼盖,且应符合下列要求:

①无现浇叠合层的预制板,板端搁置在梁上的长度不宜小于50 mm。

②预制板板端宜预留胡子筋,其长度不宜小于100 mm。

③预制空心板孔端应有堵头,堵头深度不宜小于60 mm,并应采用强度等级不低于C20的混凝土浇灌密实。

④楼盖的预制板板缝上缘宽度不宜小于40 mm,板缝大于40 mm时应在板缝内配置钢筋,并宜贯通整个结构单元。现浇板缝、板缝梁的混凝土强度等级宜高于预制板的混凝土强度等级。

⑤楼盖每层宜设置钢筋混凝土现浇层。现浇层厚度不应小于50 mm,并应双向配置直径不小于6 mm、间距不大于200 mm的钢筋网,钢筋应锚固在梁或剪力墙内。

（3）房屋的顶层、结构转换层、大底盘多塔楼结构的底盘顶层、平面复杂或开洞过大的楼层、作为上部结构嵌固部位的地下室楼层应采用现浇楼盖结构。一般楼层现浇楼板厚度不应小于80 mm,当板内预埋暗管时不宜小于100 mm;顶层楼板厚度不宜小于120 mm,宜双层双向配筋;转换层楼板应符合本规程(JGJ 3—2010)第10章的有关规定;普通地下室顶板厚度不宜小于160 mm;作为上部结构嵌固部位的地下室楼层的顶楼盖应采用梁板结构,楼板厚度不宜小于180 mm,应采用双层双向配筋,且每层每个方向的配筋率不宜小于0.25%。

（4）现浇预应力混凝土楼板厚度可按跨度的1/45~1/50采用,且不宜小于150 mm。

（5）现浇预应力混凝土板设计中应采取措施防止或减小主体结构对楼板施加预应力的阻碍作用。

§ 参考答案

一、填空题

1. 双向板
2. 现浇整体式;预制装配式;装配整体式
3. 实铺地面;架空地面
4. 坡屋面
5. 结构找坡
6. 墙承式阳台;悬挑式阳台

二、单项选择题

1. B
2. A
3. A
4. B
5. A
6. A
7. B
8. C

三、多项选择题

1. ABC
2. AC
3. BCD
4. ABD
5. ABD
6. BC
7. ACD
8. ABCD

9. ABD

10. ACD

四、简答题

1. 楼板层的设计要求有哪些?

(1)具有足够的强度和刚度,保证安全和正常使用。足够的强度可以保证楼板能够承受荷载的作用,足够的刚度可以保证楼板的变形在允许范围之内。

(2)具有一定的隔声能力。楼板主要是隔绝固体传声,如人的脚步声,以及拖动家具、敲击楼板等声音。

(3)具有一定的防火能力。楼板层应根据建筑物的等级及其对防火的要求进行设计。

(4)具有防潮防水能力。对有水侵袭的楼板层,如卫生间、厨房等,应处理好楼板层的防渗漏问题。

第 12 章　墙体的基本构造

§学习指引

（1）墙体是建筑物的重要组成部分，其作用是承重、围护和分隔。

（2）本章学习中要了解墙体的种类及设计要求，熟悉各类墙体的构造要求，熟悉砖墙、砌块墙的尺度与常用的砌筑方式，了解隔墙与幕墙的种类及构造，重点掌握墙体的细部构造设计要点。

（3）本章内容比较丰富，建议在学习过程中结合身边的墙体实例来研究其构造做法，此外，多结合相关的规范和图集来加深对墙体构造的理解。

§练习题

一、填空题

1. 建筑物的墙体根据其在房屋中所处位置不同，可分为_____以及_____；从结构受力角度，墙体又可分为_____以及_____。

2. 砌体结构中全部外墙和部分内墙设置的连续封闭的混凝土梁被称为_____。

3. 为了支承洞口上部砌体所传来的各种荷载并将这些荷载传给窗间墙，而在门、窗洞口上方设置横梁，该横梁被称为_____。

4. 为避免雨水聚积窗下并入侵墙身，在窗下靠室外一侧设置的排水构件被称为_____。

二、单项选择题

1. 在骨架承重体系的建筑物中，关于墙体的说法正确的是(　　)。
　　A.墙体承重　　B.部分墙体承重　　C.墙体不承重　　D.无法判断

2. 下列墙体属于承重墙的是(　　)。

A.隔墙　　　　B.剪力墙　　　　C.幕墙　　　　D.填充墙

3.《建筑抗震设计规范》GB 50011—2010(2016年版)规定,砌体结构材料中,普通砖的强度等级不应低于(　　)。

　　A.MU7.5　　　B.MU10　　　C.MU15　　　D.MU20

4.《建筑抗震设计规范》GB 50011—2010(2016年版)规定,砌体结构材料中,普通砖的砌筑砂浆强度等级不应低于(　　)。

　　A.M0.4　　　B.M1　　　C.M2.5　　　D.M5

5.《建筑抗震设计规范》GB 50011—2010(2016年版)规定,多层砌体承重房屋的层高不应超过(　　)。

　　A.2.7 m　　　B.3.0 m　　　C.3.6 m　　　D.3.9 m

6.《建筑抗震设计规范》GB 50011—2010(2016年版)规定,底部框架-抗震墙砌体房屋的底部,层高不应超过(　　)。

　　A.3.6 m　　　B.3.9 m　　　C.4.2 m　　　D.4.5 m

7.《建筑抗震设计规范》GB 50011—2010(2016年版)规定,无论是砖墙还是砌块墙,其构造柱、圈梁的混凝土强度等级均不应低于(　　)。

　　A.C10　　　B.C15　　　C.C20　　　D.C25

8.承重墙上,洞口的水平截面面积与墙体水平截面面积的比值不应超过(　　)。

　　A.20%　　　B.30%　　　C.40%　　　D.50%

9.8度设防时的普通砖墙,其过梁的支承长度不应小于(　　)。

　　A.120 mm　　　B.180 mm　　　C.240 mm　　　D.360 mm

10.散水的宽度一般为(　　)。

　　A.400～800 mm　　　　　　B.500～900 mm

　　C.600～1 000 mm　　　　　D.700～1 100 mm

11.下列因素中,对墙体稳定影响最大的是(　　)。

　　A.墙体材质　　B.墙体高厚比　　C.墙体高度　　D.墙体厚度

12.关于圈梁,下列说法中错误的是(　　)。

　　A.圈梁、构造柱可以有效改善砌体承重结构的整体刚度

　　B.圈梁宜与预制楼板设在同一标高处或紧靠板底

　　C.圈梁的截面高度没有要求,可以任意设置

　　D.圈梁应全部闭合,遇有洞口圈梁应上下搭接

13. 改善玻璃幕墙热工性能的措施中,常用做法不包括(　　)。

　　A.玻璃表面覆盖特殊氧化物　　B.双层玻璃间隙中加入光栅

　　C.提高玻璃强度　　D.玻璃表面采用图案印刷

三、多项选择题

1. 关于钢筋混凝土圈梁,下列选项中正确的是(　　)。

　　A.全部现浇　　B.全部闭合

　　C.高度不小于120 mm　　D.必须在同一高度

2. 关于钢筋混凝土构造柱的设置位置,下列选项中正确的是(　　)。

　　A.门窗洞口　　B.房屋的四角

　　C.内外墙交接处　　D.楼梯间

3. 关于钢筋混凝土构造柱,下列选项中正确的是(　　)。

　　A.应深入室外地面以下500 mm

　　B.可不单独设置基础

　　C.可以单独承重

　　D.可以与埋深小于500 mm 的基础圈梁相连

4. 关于钢筋混凝土构造柱施工的要求,下列选项中正确的是(　　)。

　　A.先砌墙后浇筑构造柱

　　B.墙体要求砌成马牙槎形式

　　C.墙体要从上部开始先进后退

　　D.相邻墙体可以作为一部分模板使用

5. 砌体墙作为填充墙时,关于其稳定性的构造要求,下列选项中正确的是(　　)。

　　A.与周边构件可靠拉结　　B.具有合适的高厚比

　　C.避免使其成为承重构件　　D.能承受其自身重量

6. 过梁的形式较多,常见的包括(　　)。

　　A.木过梁　　B.钢筋砖过梁

　　C.钢筋混凝土过梁　　D.砖拱

7. 下列选项中,关于钢筋砖过梁的说法正确的是(　　)。

　　A.钢筋砖过梁跨度在2 m之内

　　B.一般在两皮砖之间配置钢筋

C.抗震设防区域推荐使用钢筋砖过梁

D.在一定高度范围内用水泥砂浆砌筑

8. 关于砌体墙勒脚处的防潮层的设置方式,下列说法中正确的是(   )。

   A.可单设垂直防潮层

   B.可单设水平防潮层

   C.同时设置水平和垂直两种防潮层

   D.无须设置防潮层

9. 建筑物室内外地坪有高差时,下列关于防潮层的说法中正确的是(   )。

   A.需要设置一道水平防潮层

   B.需要设置两道水平防潮层

   C.高差部分设置垂直防潮层

   D.垂直防潮层需设置在墙体迎接潮气的一面

10. 关于砌体墙勒脚处的水平防潮层的设置位置,下列说法中正确的是(   )。

    A.防潮层的位置要高于地层结构部分

    B.底层地面实铺,水平防潮层位于结构层厚度范围之内

    C.底层地面预制板架空,水平防潮层可用预制板底部地梁代替

    D.防潮层的位置没有特殊要求

11. 关于非承重外墙板安装时的注意事项,下列说法中正确的是(   )。

    A.方便就位时的临时固定

    B.承担上部结构传递的荷载

    C.提供调整安装的可能

    D.适用使用时可能发生的微小变形

12. 幕墙按照连接的类型及面板的相对位置关系,可分为(   )。

    A.有框式幕墙　　　　　　　　B.点式幕墙

    C.无框式幕墙　　　　　　　　D.全玻璃幕墙

13. 关于砌体墙的构造措施,下列说法中正确的是(   )。

    A.钢筋混凝土框架中的砌体填充墙,需沿高度设置拉结钢筋

    B.独立墙肢端部及门窗洞口附近宜设钢筋混凝土构造柱

    C.当墙体的高度过高时,需按要求设置水平系梁

D.6 度区地震烈度不高,圈梁可以省略

四、简答题

1. 墙体设计要求有哪些?
2. 窗洞口上部过梁的常用做法有哪几种?各自的适用范围是什么?
3. 圈梁的作用有哪些?设置原则主要有哪些?
4. 防火墙的特殊构造要求有哪些?

§ 拓展知识

墙身加固主要针对混合结构而言,由于混合结构是一种脆性结构,延性差,抗剪能力较低,且自重及刚度又比较大,当发生地震作用时,极易造成较为严重的破损,而历次震害调查也为改善混合结构抗震性能提供了大量的数据支持。为了加强混合结构的整体性,提高结构的抗震性能,需要对混合结构采取必要的构造措施。《建筑抗震设计规范》GB 50011—2010(2016 年版)中,对多层砌体房屋、多层砌块房屋、底部框架-抗震墙砌体房屋的抗震构造措施分别给出详细的构造要求,如多层砌体房屋中砌体墙段的局部尺寸限值,宜符合表 12.1 的要求。

表 12.1 房屋的局部尺寸限值　　　　　　　　　　m

部　位	6 度	7 度	8 度	9 度
承重窗间墙最小宽度	1.0	1.0	1.2	1.5
承重外墙尽端至门窗洞边的最小距离	1.0	1.0	1.2	1.5
非承重外墙尽端至门窗洞边的最小距离	1.0	1.0	1.0	1.0
内墙阳角至门窗洞边的最小距离	1.0	1.0	1.5	2.0
无锚固女儿墙(非出入口处)的最大高度	0.5	0.5	0.5	0.0

注:1.局部尺寸不足时,应采取局部加强措施弥补,且最小宽度不宜小于 1/4 层高和表列数据的 80%。

2.出入口处的女儿墙应有锚固。

各类多层砖砌体房屋,应按下列要求设置现浇钢筋混凝土构造柱(以下简称构造柱):

(1)构造柱设置部位,一般情况下应符合《建筑抗震设计规范》GB 50011—2010(2016 年版)表 7.3.1 的要求。

（2）外廊式和单面走廊式的多层房屋,应根据房屋增加一层的层数,按《建筑抗震设计规范》GB 50011—2010(2016年版)表7.3.1的要求设置构造柱,且单面走廊两侧的纵墙均应按外墙处理。

（3）横墙较少的房屋,应根据房屋增加一层的层数,按《建筑抗震设计规范》GB 50011—2010(2016年版)表7.3.1的要求设置构造柱。当横墙较少的房屋为外廊式或单面走廊式时,应按（2）要求设置构造柱;但6度不超过四层、7度不超过三层和8度不超过二层时,应按增加二层的层数对待。

（4）各层横墙很少的房屋,应按增加二层的层数设置构造柱。

（5）采用蒸压灰砂砖和蒸压粉煤灰砖的砌体房屋,当砌体的抗剪强度仅达到普通黏土砖砌体的70%时,应根据增加一层的层数按（1）～（4）要求设置构造柱;但6度不超过四层、7度不超过三层和8度不超过二层时,应按增加二层的层数对待。

《建筑抗震设计规范》GB 50011—2010(2016年版)中,对圈梁、构造柱的具体配筋也有明确要求,使用时可对规范内容进行查阅。

§参考答案

一、填空题

1. 内墙;外墙;承重墙;非承重墙
2. 圈梁
3. 过梁
4. 窗台

二、单项选择题

1. C
2. B
3. B
4. D
5. C
6. D

7. C

8. D

9. C

10. C

11. B

12. C

13. C

三、多项选择题

1. ABC

2. BCD

3. ABD

4. ABD

5. AB

6. BCD

7. ABD

8. BC

9. BCD

10. BC

11. ACD

12. ABD

13. ABC

四、简答题

1. 墙体设计要求有哪些？

(1)具有足够的强度和稳定性，其中包括合适的材料性能、适当的截面形状和厚度以及可靠的连接。

(2)具有必要的保温、隔热等方面的性能。

(3)选用的材料及截面厚度，都应符合《建筑设计防火规范》GB 50016—2014(2018年版)中相应燃烧性能和耐火极限的要求。

(4)满足隔声的要求。

(5)满足防潮、防水以及经济等方面的要求。

2. 窗洞口上部过梁的常用做法有哪几种？各自的适用范围是什么？

窗洞口上部过梁的常用做法有三种，即砖过梁、钢筋砖过梁和钢筋混凝土过梁。砖过梁适用的洞口跨度在 1.8 m 以内，钢筋砖过梁适用的洞口跨度在 2.0 m 以内，二者不宜用于洞口上有集中荷载、振动较大、地基土质不均匀等情况或地震区；钢筋混凝土过梁具有坚固耐用、施工简便等特点，可用于较大洞口或有集中荷载等情况，目前应用广泛。

3. 圈梁的作用有哪些？设置原则主要有哪些？

圈梁的作用主要包括：加强房屋的整体刚度和稳定性，减轻地基不均匀沉降对房屋的破坏，抵抗地震力的影响。圈梁的设置原则主要包括：屋盖处必须设置，楼板处视情况逐层或隔层设置，当地基条件不理想时，在基础顶面也应设置；圈梁主要沿纵墙设置，内横墙每 10~15 m 设置一道；随抗震设防要求的不同而采用不同设置，具体要依据《建筑抗震设计规范》GB 50011—2010(2016 年版)的有关规定。

4. 防火墙的特殊构造要求有哪些？

(1)防火墙应直接设置在建筑的基础或框架、梁等承重结构上，并从楼地面基层隔断至梁、楼板或屋面板底面基层。

(2)当高层厂房(仓库)屋顶承重结构和屋面板的耐火极限低于1.00 h，其他建筑屋顶承重结构和屋面板的耐火极限低于0.50 h 时，防火墙应高出屋面 0.5 m 以上。

(3)建筑外墙为难燃性或可燃性墙体时，防火墙应凸出墙的外表面0.4 m以上，且防火墙两侧的外墙应为宽度均不小于 2.0 m 的不燃性墙体，其耐火极限不应低于外墙的耐火极限。

(4)紧靠防火墙两侧的门、窗、洞口之间最近边缘的水平距离不应小于2.0 m；采取设置乙级防火窗等防止火灾水平蔓延的措施时，该距离不限。

(5)建筑内的防火墙不宜设置在转角处，确需设置时，内转角两侧墙上的门、窗、洞口之间最近边缘的水平距离不应小于4.0 m；采取设置乙级防火窗等防止火灾水平蔓延的措施时，该距离不限。

(6)防火墙上不应开设门、窗、洞口，确需开设时，应设置不可开启或火灾时能自动关闭的甲级防火门、窗。

(7)可燃气体和甲、乙、丙类液体的管道严禁穿过防火墙。其他管道确需穿过时，应采用防火封堵材料将墙与管道之间的空隙紧密填实。

第 13 章　墙及楼地面面层

§ **学习指引**

(1)本章主要讲述墙面及楼地面的常用做法及具体构造。学习时要了解各部分概念、常用做法、基本组成及构造方法,重点掌握墙面的常用构造形式及各构造形式之间的区别。

(2)本章学习以视野拓展为主,需要牢固掌握的学习内容不多,更多是以工程实例为基础,认识墙面和楼地面面层及其实现方式。

(3)我们在生活空间到处都能看到墙面及楼地面面层,因此在学习时不要局限于书本所介绍的内容,随着建筑材料及施工工艺的发展,生活中很多新颖的面层做法也值得大家去认真观察与总结。

§ **练习题**

一、填空题

1. 附加于装饰面板与基层墙体之间,保持面层之间的独立性的钉挂类施工方法俗称为_____。

2. 声音直接在空气中传递,这种声音传递方式被称为_____。

二、单项选择题

1. 装修材料的燃烧性能等级,可以分为(　　)。
　　A.二级　　　　B.三级　　　　C.四级　　　　D.五级

2. 下列天然石材中,属于火成岩的是(　　)。
　　A.页岩　　　　B.花岗岩　　　C.大理石　　　D.砂岩

3. 为了降低碰撞时发生危险的可能性,室内练功房宜选用的地面形式为(　　)。

A.水泥抹灰地面　　　　　　　　B.瓷砖地面

C.架空木地面　　　　　　　　　D.复合地板地面

4. 潮湿房间吊顶选用时,宜避免使用下列哪种面层?(　　)

A.铝合金板　　B.纸面石膏板　　C.不锈钢板　　D.铝塑板

5. 下列材料中,不适宜作为裱糊类面层材料的是(　　)。

A.吸声矿棉板　　　　　　　　　B.锦缎壁布

C.PVC塑料壁纸　　　　　　　　D.金属面壁纸

三、多项选择题

1. 建筑物墙面及楼地面面层的构造方法,按施工工艺可以分为(　　)。

A.悬挑类　　B.粉刷类　　C.粘贴类　　D.裱糊类

2. 下列关于砂浆的特点描述,说法正确的是(　　)。

A.水泥砂浆强度较高　　　　　　B.混合砂浆和易性较差

C.聚合物砂浆黏结力较好　　　　D.水泥砂浆防水性较弱

3. 粉刷类面层的工艺,主要包括(　　)。

A.打底　　B.粉面　　C.抹灰　　D.表层处理

4. 下列关于腻子的特点描述,说法不正确的是(　　)。

A.质地较为粗糙　　　　　　　　B.是各种粉剂和建筑用胶的混合物

C.稠度较低,不易干　　　　　　D.常用于填补砂浆表面的小空隙

5. 砂浆在结硬过程中易干缩开裂,找平过程必须分层施工,关于分层厚度说法正确的是(　　)。

A.水泥砂浆:≤2 mm　　　　　　B.混合砂浆:7~9 mm

C.麻刀灰:≤3 mm　　　　　　　D.纸筋灰:5~7 mm

6. 砂浆找平所需要的层数,与下列哪些因素有关?(　　)

A.基底材料性质　　　　　　　　B.基底的平整度

C.工程面层具体要求　　　　　　D.砂浆强度等级

7. 粘贴类面层常用的材料包含(　　)。

A.陶土面砖　　B.人工橡胶　　C.PVC壁纸　　D.天然石材

8. 粘贴类面层的工艺包含(　　)。

A.粉面　　　　B.打底　　　　C.敷设黏结层　　D.铺贴表层

9. 钉挂类面层常见的骨料用材包含(　　)。

A.铝合金   B.混凝土预制构件
C.木材   D.型钢

四、简答题

1. 楼地层的作用是什么？设计楼地层有何要求？
2. 现浇钢筋混凝土楼板有哪些类型？有什么特点？

§ 拓展知识

《建筑地面设计规范》GB 50037—2013 中对建筑地面类型有较为详细的介绍，对其中具体条文介绍如下：

（1）建筑地面类型的选择，应根据建筑功能、使用要求、工程特征和技术经济条件，经过综合技术经济比较确定。

（2）建筑地面采用的大理石、花岗石等天然石材，应符合现行国家标准《建筑材料放射性核素限量》GB 6566[①] 中有关材料有害物质的限量规定。

（3）胶粘剂、沥青胶结料和涂料等材料，应符合现行国家标准《民用建筑工程室内环境污染控制规范》GB 50325[②] 的有关规定。

（4）公共建筑中，人员活动场所的建筑地面，应方便残疾人安全使用，其地面材料应符合现行国家标准《无障碍设计规范》GB 50763[③] 的有关规定。

（5）建筑物的底层地面标高，宜高出室外地面 150 mm。当有生产、使用的特殊要求或建筑物预期有较大沉降量等其他原因时，应增大室内外高差。

（6）木板、竹板地面，应采取防火、防腐、防潮、防蛀等相应措施。

（7）有水或非腐蚀性液体经常浸湿、流淌的地面，应设置隔离层并采用不吸水、易冲洗、防滑的面层材料，隔离层应采用防水材料。装配式钢筋混凝土楼板上除满足上述要求外，尚应设置配筋混凝土整浇层。

（8）混凝土或细石混凝土地面，应符合下列要求：

①混凝土地面采用的石子粗骨料，其最大颗粒粒径不应大于面层厚度的 2/3，细石混凝土面层采用的石子粒径不应大于 15 mm。

---

① 现行版本为 GB 6566—2010。
② 现行版本为 GB 50325—2020。
③ 现行版本为 GB 50763—2012。

②混凝土面层或细石混凝土面层的强度等级不应小于C20;耐磨混凝土面层或耐磨细石混凝土面层的强度等级不应小于C30;底层地面的混凝土垫层兼面层的强度等级不应小于C20,其厚度不应小于80 mm;细石混凝土面层厚度不应小于40 mm。

③垫层及面层,宜分仓浇筑或留缝。

④当地面上静荷载或活荷载较大时,宜在混凝土垫层中按荷载计算配置钢筋或垫层中加入钢纤维,钢纤维的抗拉强度不应小于1 000 MPa,钢纤维混凝土的弯曲韧度比不应小于0.5。当垫层中仅为构造配筋时,可配置直径为8~14 mm,间距为150~200 mm的钢筋网。

⑤水泥类整体面层需严格控制裂缝时,应在混凝土面层顶面下20 mm处配置钢筋直径为4~8 mm、间距为100~200 mm的双向钢筋网;或面层中加入钢纤维,其弯曲韧度比不应小于0.4,体积率不应小于0.15%。

(9)水泥砂浆地面,应符合下列要求:

①水泥砂浆的体积比应为1:2,强度等级不应小于M15,面层厚度不应小于20 mm。

②水泥应采用硅酸盐水泥或普通硅酸盐水泥,其强度等级不应小于42.5级;不同品种、不同强度等级的水泥不得混用,砂应采用中粗砂。当采用石屑时,其粒径宜为3~5 mm,且含泥量不应大于3%。

(10)水磨石地面,应符合下列要求:

①水磨石面层应采用水泥与石粒的拌和料铺设,面层的厚度宜为12~18 mm,结合层的水泥砂浆体积比宜为1:3,强度等级不应小于M10。

②水磨石面层的石粒,应采用坚硬可磨白云石、大理石等岩石加工而成,石子应洁净无杂质,其粒径宜为6~15 mm。

③水磨石面层分格尺寸不宜大于1 m×1 m,分格条宜采用铜条、铝合金条等平直、坚挺材料。当金属嵌条对某些生产工艺有害时,可采用玻璃分格条。

④白色或浅色的水磨石面层,应采用白水泥;深色的水磨石面层,宜采用强度等级不小于42.5级的硅酸盐水泥、普通硅酸盐水泥或矿渣硅酸盐水泥;同颜色的面层应使用同一批号水泥。

⑤彩色水磨石面层使用的颜料,应采用耐光、耐碱的无机矿物质颜料,宜同厂同批。其掺入量宜为水泥重量的3%~6%或由试验确定。

(11)需设备安装和地面沟槽、管线的预留、预埋时,其地面混凝土工程可分为毛地面和面层两个阶段施工,但毛地面混凝土强度等级不应小于 C15。

(12)建筑地面面层类别及其材料选择,应符合表 13.1 的有关规定。

表 13.1　面层类别及其材料选择

面层类别	材料选择
水泥类整体面层	水泥砂浆、水泥钢(铁)屑、现制水磨石、混凝土、细石混凝土、耐磨混凝土、钢纤维混凝土或混凝土密封固化剂
树脂类整体面层	丙烯酸涂料、聚氨酯涂层、聚氨酯自流平涂料、聚酯砂浆、环氧树脂自流平涂料、环氧树脂自流平砂浆或干式环氧树脂砂浆
板块面层	陶瓷锦砖、耐酸瓷板(砖)、陶瓷地砖、水泥花砖、大理石、花岗石、水磨石板块、条石、块石、玻璃板、聚氯乙烯板、石英塑料板、塑胶板、橡胶板、铸铁板、网纹钢板、网络地板
木、竹面层	实木地板、实木集成地板、浸渍纸层压木质地板(强化复合木地板)、竹地板
不发火花面层	不发火花水泥砂浆、不发火花细石混凝土、不发火花沥青砂浆、不发火花沥青混凝土
防静电面层	导静电水磨石、导静电水泥砂浆、导静电活动地板、导静电聚氯乙烯地板
防油渗面层	防油渗混凝土或防油渗涂料的水泥类整体面层
防腐蚀面层	耐酸板块(砖、石材)或耐酸整体面层
矿渣、碎石面层	矿渣、碎石
织物面层	地毯

§参考答案

一、填空题

1. 干挂
2. 直接传声

二、单项选择题

1. C
2. B
3. C
4. B
5. A

三、多项选择题

1. BCD
2. AC
3. ABD
4. AC
5. BC
6. ABC
7. ABD
8. BCD
9. ACD

四、简答题

1. 楼地层的作用是什么？设计楼地层有何要求？

楼地层是多层建筑中的水平分隔构件。它承受着楼地层上的全部荷载，并将这些荷载连同自重传给墙或柱，以增强建筑物的整体刚度，同时还为人们提供了一个美好的室内环境。

对楼地层的设计要求主要包括以下几个方面：（1）从结构上考虑，楼地层必须具备足够的强度，以确保使用安全；同时，还应具有足够的刚度，使其在荷载作用下的弯曲挠度变形不影响正常使用。（2）设计楼地层时，根据使用要求，要考虑相应的隔声、防水、防火等问题。（3）在多层或高层建筑中，楼板结构占相当大的比重，要求在设计楼地层时，尽量为建筑工业化创造有利条件。（4）在多层建筑中，楼地层的造价占比为建筑造价的20%~30%，因此在设计楼地层时，应力求经济合理，在进行结构布置、构件选型和确定构造方案时，应与建筑物的质量标准和房间使用要求相适应,以避免不切实际的处理而造成浪费。

2. 现浇钢筋混凝土楼板有哪些类型?有什么特点?

现浇钢筋混凝土楼板主要有板式楼板、梁板式楼板、压型钢板组合楼板及无梁楼板。现浇钢筋混凝土楼板的特点是整体性好、刚度大、利于抗震、梁板布置灵活等,但同时,现浇楼板模板耗材大,施工速度慢,施工容易受外界环境影响。

第14章 基础

§学习指引

(1)本章介绍了基础的概念及基础的分类,通过不同形式的分类,介绍了不同基础的构造特点。

(2)就内容而言,部分教材篇幅较小,但实际工程中,基础的重要性不言而喻,故应作为重点内容学习;涉及基础的专业规范比较多,应加以了解;读者也可以参考地基基础等专业课程中的相关内容。

(3)学习本章时要重点了解地基的概念,理解影响基础埋深的因素,掌握常用基础的类型构造及适用范围。

§练习题

一、填空题

1. 建筑工程上,把建筑物与土壤直接接触的部分称为_____。
2. 建筑工程上,把支承建筑物重量的土层称为_____。
3. 从室外设计地面至基础底面的垂直距离被称为基础的_____。
4. 按所用材料和受力特点,基础可分为_____和_____两大类。
5. 当建筑物上部荷载较大,而地基承载力较弱时,常将基础连成一片,使整个建筑物的荷载承受在一块整板上,这种满堂式的板式基础被称为_____。

二、单项选择题

1. 当基础埋置深度大于下列哪个选项时,被称为深基础?(　　)
   A.2 m　　　　B.3 m　　　　C.4 m　　　　D.5 m
2. 为了防止冻融时土内所含的水的体积发生变化,对基础造成不良影响,基础底面应埋在冰冻线以下(　　)。

A.200 mm B.300 mm C.400 mm D.500 mm

3. 砖砌体墙的基础,最常采用的基础形式为( )。
   A.长条基础 B.筏板基础 C.独立基础 D.条形基础

4. 抗震设防区,除岩石地基外,天然地基上的箱型和筏板基础,其埋置深度不宜小于建筑物高度的( )。
   A.1/8 B.1/10 C.1/12 D.1/15

5. 不同材料基础的刚性角是不同的。一般素混凝土基础的刚性角应控制在( )以内。
   A.30° B.45° C.60° D.75°

6. 砖基础采用等高式大放脚的做法,砌筑时,一般每两皮砖需挑出的长度为( )。
   A.1皮砖 B.1/2砖 C.1/4砖 D.3/4砖

三、多项选择题

1. 下列选项中,属于刚性基础的是( )。
   A.红砖基础 B.毛石基础
   C.素混凝土基础 D.钢筋混凝土基础

2. 下列关于刚性角的说法,正确的是( )。
   A.刚性角大小与基础材料相关
   B.素混凝土刚性角为45°
   C.刚性角大小与基础构造无关
   D.刚性基础底面宽度受刚性角限制

3. 基础的埋置深度与下列哪些条件相关?( )
   A.作用在地基上的荷载大小和性质
   B.工程地质和水文地质条件
   C.相邻建筑物的基础埋深
   D.地基土冻胀和融陷的影响

四、简答题

1. 基础和地基的区别是什么?
2. 影响基础埋深的因素有哪些?

3. 基础按构造形式不同可以分为哪些类型？各自的适用范围是什么？

§拓展知识

《建筑地基基础设计规范》GB 50007—2011 规定，地基基础设计应根据地基复杂程度、建筑物规模和功能特征以及由于地基问题可能造成建筑物破坏或影响正常使用的程度分为三个设计等级，设计时应根据具体情况，按表 14.1 选用。

表 14.1 地基基础设计等级

设计等级	建筑和地基类型
甲级	重要的工业与民用建筑物 30 层以上的高层建筑 体型复杂，层数相差超过 10 层的高低层连成一体建筑物 大面积的多层地下建筑物(如地下车库、商场、运动场等) 对地基变形有特殊要求的建筑物 复杂地质条件下的坡上建筑物(包括高边坡) 对原有工程影响较大的新建建筑物 场地和地基条件复杂的一般建筑物 位于复杂地质条件及软土地区的二层及二层以上地下室的基坑工程 开挖深度大于 15 m 的基坑工程 周边环境条件复杂、环境保护要求高的基坑工程
乙级	除甲级、丙级以外的工业与民用建筑物 除甲级、丙级以外的基坑工程
丙级	场地和地基条件简单、荷载分布均匀的七层及七层以下民用建筑及一般工业建筑；次要的轻型建筑物 非软土地区且场地地质条件简单、基坑周边环境条件简单、环境保护要求不高且开挖深度小于 5.0 m 的基坑工程

如图 14.1 所示刚性基础，当上部荷载较大、地基承载力较小时，就需要增加基础底面宽度 b，可能导致悬挑部分 b_2 较大。悬挑部分相当于悬臂梁，由于砖、石、混凝土等刚性材料抗剪、抗弯强度较低，如果一味增加基础底面宽度，可能会导致悬挑部分受拉、受剪破坏，因此刚性基础底面宽度要受刚性角的限制，

同时,刚性基础要具有足够的高度。《建筑地基基础设计规范》GB 50007—2011 中,对无筋拓展基础的高度有如下规定:

$$H_0 \geqslant \frac{b-b_0}{2\tan\alpha}$$

式中　b——基础底面宽度,m;

　　　b_0——基础顶面的墙体宽度或柱脚宽度,m;

　　　H_0——基础高度,m;

　　　$\tan\alpha$——基础台阶宽高比 $b_2 : H_0$,其允许值可按表 14.2 选用;

　　　b_2——基础台阶宽度,m。

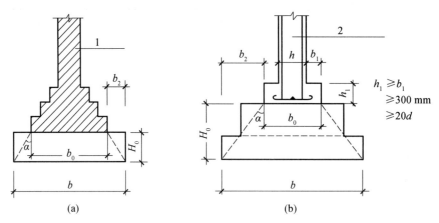

图 14.1　无筋拓展基础构造示意

d—柱中纵向钢筋直径;

1—承重墙;2—钢筋混凝土柱

表 14.2　无筋拓展基础台阶宽高比的允许值

基础材料	质量要求	台阶宽高比的允许值		
		$p_k \leqslant 100$	$100 < p_k \leqslant 200$	$200 < p_k \leqslant 300$
混凝土基础	C15 混凝土	1 : 1.00	1 : 1.00	1 : 1.25
毛石混凝土基础	C15 混凝土	1 : 1.00	1 : 1.25	1 : 1.50
砖基础	砖不低于 MU10、砂浆不低于 M5	1 : 1.50	1 : 1.50	1 : 1.50
毛石基础	砂浆不低于 M5	1 : 1.25	1 : 1.50	—

续表14.2

基础材料	质量要求	台阶宽高比的允许值		
		$p_k \leq 100$	$100 < p_k \leq 200$	$200 < p_k \leq 300$
灰土基础	体积比为3∶7或2∶8的灰土,其最小干密度: 粉土 1 550 kg/m³ 粉质黏土 1 500 kg/m³ 黏土 1 450 kg/m³	1∶1.25	1∶1.50	—
三合土基础	体积比1∶2∶4~1∶3∶6(石灰∶砂∶骨料),每层约虚铺 220 mm,夯至 150 mm	1∶1.50	1∶2.00	—

注:1. p_k 为作用的标准组合时基础底面处的平均压力值(kPa)。

2. 阶梯形毛石基础的每阶伸出宽度,不宜大于 200 mm。

3. 当基础由不同材料叠合组成时,应对接触部分作抗压验算。

4. 混凝土基础单侧扩展范围内基础底面处的平均压力值超过 300 kPa 时,尚应进行抗剪验算;对基底反力集中于立柱附近的岩石地基,应进行局部受压承载力验算。

§ 参考答案

一、填空题

1. 基础
2. 地基
3. 埋置深度/埋深
4. 刚性基础;非刚性基础
5. 筏板基础

二、单项选择题

1. C
2. A

3. D

4. D

5. B

6. C

三、多项选择题

1. ABC

2. ABD

3. ABCD

四、简答题

1. 基础和地基的区别是什么？

建筑工程上，把建筑物与土壤直接接触的部分称为基础，把支承建筑物重量的土层称为地基。基础是建筑物的组成部分，承受着建筑物的上部荷载，并将荷载传给地基，而地基不是建筑物的组成部分。

2. 影响基础埋深的因素有哪些？

建筑物上部的荷载大小、地基土质、地下水位、土的冰冻深度以及新旧建筑物的相邻交接关系等，都是影响基础埋深的因素。

3. 基础按构造形式不同可以分为哪些类型？各自的适用范围是什么？

基础按构造形式不同可以分为独立基础、条形基础、井格式基础、筏板基础、箱型基础、桩基础。

①独立基础：常用于柱下，也可用于墙下。

②条形基础：常用于墙下，也可用于密集的柱下。

③井格式基础：常用于土质较弱或荷载较大的柱下。

④筏板基础：常用于土质很弱的柱下或墙下。

⑤箱型基础：常用于荷载很大或浅层地质条件较差或下部需设地下室的建筑。

⑥桩基础：常用于浅层地基上不能满足建筑物对地基承载力和变形的要求，而又不适于采取地基处理措施的情况。

第15章 楼梯及其他垂直交通设施

§学习指引

(1)本章介绍了常见楼梯的种类及构造,并通过一个经典案例,详细介绍了楼梯设计的一般步骤。此外,还简单总结了台阶、坡道的构造要求,并对高差处的无障碍设计进行了较为细致的讲解。

(2)要求熟练掌握钢筋混凝土楼梯的组成及其结构构成形式,能独立完成双跑楼梯的设计;了解电梯及自动扶梯的设计及构造要求;熟悉室外台阶与坡道、无障碍设计的构造要求。

(3)要重点吃透楼梯设计实例,通过例题学习,真实感受建筑物中交通组织的设计流程,总结楼梯设计中可能遇到的问题,而工程中又是如何解决这些问题的。

§练习题

一、填空题

1. 楼梯梯段上的踏步,行走时脚踏的水平部分被称为_____,而形成高差的垂直部分则被称为_____。

2. 鉴于安全方面的考虑,凡凌空处的构件边缘,如楼梯梯段、坡道等,应向上翻起不低于 50 mm 的边缘构件,这种构件被称为_____。

二、单项选择题

1. 建筑物内各个不同楼层之间上下联系的主要交通设施为(　　)。
   A.电梯　　　　B.楼梯　　　　C.自动扶梯　　D.走廊
2. 楼梯的常用坡度范围是(　　)。
   A.15°以下　　B.15°~ 20°　　C.20°~ 45°　　D.45°~ 60°

3. 坡道的常用坡度范围是( )。

    A.15°以下   B.15°~20°   C.20°~45°   D.45°~60°

4. 梯段由踏步板和梯段梁构成的楼梯属于( )。

    A.板式楼梯   B.梁板式楼梯   C.挑板楼梯   D.悬挑楼梯

5. 楼梯扶手高度一般自踏面前缘以上( )。

    A.1 300 mm   B.700 mm   C.900 mm   D.1 100 mm

6. 图 15.1 所示楼梯中,梯段板的计算厚度为( )。

    A.h_1 B.h_2 C.H D.无法确定

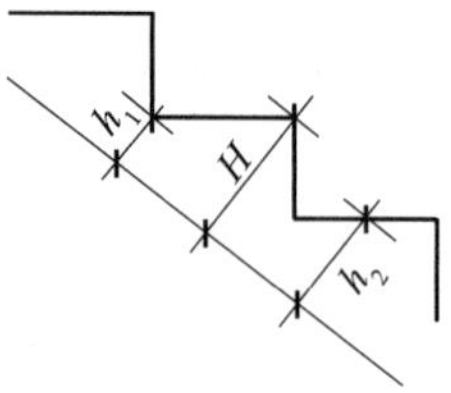

图 15.1 楼梯

7. 下列类型楼梯中,不能用于消防疏散楼梯的是( )。

  A.板式楼梯

  B.梁板式楼梯

  C.悬挑楼梯

  D.支承在中心柱上的螺旋楼梯

8. 公共楼梯设计的每段梯段的步数一般不超过( )。

    A.12 级   B.15 级   C.18 级   D.21 级

9. 楼梯平台深度(净宽)与梯段宽度之间的关系是( )。

    A.平台深度≥梯段宽度   B.平台深度≤梯段宽度

    C.平台深度=梯段宽度   D.二者没有关系

10. 楼梯的梯段下面的净高不得小于( )。

    A.1 600 mm   B.1 800 mm   C.2 000 mm   D.2 200 mm

11. 楼梯的平台处的净高不得小于( )。

    A.1 600 mm   B.1 800 mm   C.2 000 mm   D.2 200 mm

12. 在楼梯平面图中,每一条水平线代表一个高差,如果梯段有 n 个踏步的话,该梯段的长度 L 与踏步步深 b 及踏步个数 n 之间的关系是(　　)。

　　A.$L=b×n$　　B.$L=b×(n+1)$　　C.$L=b×(n-1)$　　D.$L=b×2n$

13. 无障碍出入口处的轮椅坡道净宽度不应小于(　　)。

　　A.1.0 m　　　B.1.2 m　　　　C.1.4 m　　　　D.1.6 m

14. 双台并列的自动扶梯之间的间距不小于(　　)。

　　A.300 mm　　B.320 mm　　　C.360 mm　　　D.380 mm

三、多项选择题

1. 楼梯设计中,需要考虑的因素主要包括(　　)。

　　A.上下通行方便　　　　　　B.有足够的疏散能力

　　C.满足坚固、耐久等要求　　D.具有足够的通行长度

2. 楼梯的组成部分主要包括(　　)。

　　A.楼梯梁　　　　　　　　　B.梯段

　　C.平台　　　　　　　　　　D.栏杆(栏板)和扶手

3. 楼梯平台的作用主要包括(　　)。

　　A.提供楼梯转折　　　　　　B.美化楼梯设计

　　C.联通某个楼层　　　　　　D.提供休息平台

4. 下列选项中,关于梁板式楼梯梯段梁的设置部位的说法正确的是(　　)。

　　A.两侧双梁　　　　　　　　B.中间单梁

　　C.一侧单梁　　　　　　　　D.不设置梁,直接由支座出挑

5. 下列选项中,关于坡道的说法正确的是(　　)。

　　A.室内坡道的坡度不宜大于1/8

　　B.室外坡道的坡度不宜大于1/10

　　C.供轮椅使用的坡道坡度不应大于1/12

　　D.坡道坡度较缓,无须设置休息平台

6. 下列选项中,关于台阶与坡道变形的说法正确的是(　　)。

　　A.使用荷载较大　　　　　　B.建筑材料的热胀冷缩

　　C.雨水侵蚀　　　　　　　　D.建筑物主体沉降

7. 地面提示块又称导盲块,关于其设置位置的说法正确的是(　　)。

　　A.存在高差处　　　　　　　B.有积水处

C.有障碍物处　　　　　　　　D.需要转折处

四、简答题

1. 楼梯设计的一般步骤主要包括哪些内容？
2. 楼梯由哪几部分组成？各部分的作用和要求是什么？
3. 楼梯如何分类？工程中常用的楼梯主要有哪些形式？
4. 简述楼梯的设计步骤。

§ 拓展知识

楼梯是建筑中上下联系的主要交通设施，因此其重要性不言而喻。国内多本规范均涉及楼梯的细节设计，如《民用建筑设计统一标准》GB 50352—2019、《建筑设计防火规范》GB 50016—2014（2018 年版）、《住宅设计规范》GB 50096—2011、《托儿所、幼儿园建筑设计规范》JGJ 39—2016、《中小学校设计规范》GB 50099—2011 等。以《民用建筑设计统一规范》GB 50352—2019 为例，其对楼梯的设计要求如下：

（1）楼梯的数量、位置、梯段净宽和楼梯间形式应满足使用方便和安全疏散的要求。

（2）当一侧有扶手时，梯段净宽应为墙体装饰面至扶手中心线的水平距离，当双侧有扶手时，梯段净宽应为两侧扶手中心线之间的水平距离。当有凸出物时，梯段净宽应从凸出物表面算起。

（3）梯段净宽除应符合现行国家标准《建筑设计防火规范》GB 50016[①] 及国家现行相关专用建筑设计标准的规定外，供日常主要交通用的楼梯的梯段净宽应根据建筑物使用特征，按每股人流宽度为 0.55 m+（0~0.15）m 的人流股数确定，并不应少于两股人流。（0~0.15）m 为人流在行进中人体的摆幅，公共建筑人流众多的场所应取上限值。

（4）当梯段改变方向时，扶手转向端处的平台最小宽度不应小于梯段净宽，并不得小于 1.2 m。当有搬运大型物件需要时，应适量加宽。直跑楼梯的中间平台宽度不应小于 0.9 m。

---

① 现行版本为 GB 50016—2014（2018 年版）。

(5)每个梯段的踏步级数不应少于3级,且不应超过18级。

(6)楼梯平台上部及下部过道处的净高不应小于2.0 m,梯段净高不应小于2.2 m。

【注】梯段净高为自踏步前缘(包括每个梯段最低和最高一级踏步前缘线以外0.3 m范围内)量至上方突出物下缘间的垂直高度。

(7)楼梯应至少于一侧设扶手,梯段净宽达三股人流时应两侧设扶手,达四股人流时宜加设中间扶手。

(8)室内楼梯扶手高度自踏步前缘线量起不宜小于0.9 m。楼梯水平栏杆或栏板长度大于0.5 m时,其高度不应小于1.05 m。

(9)托儿所、幼儿园、中小学校及其他少年儿童专用活动场所,当楼梯井净宽大于0.2 m时,必须采取防止少年儿童坠落的措施。

(10)楼梯踏步的宽度和高度应符合表15.1的规定。

表15.1 楼梯踏步最小宽度和最大高度   m

楼梯类别		最小宽度	最大高度
住宅楼梯	住宅公共楼梯	0.260	0.175
	住宅套内楼梯	0.220	0.200
宿舍楼梯	小学宿舍楼梯	0.260	0.150
	其他宿舍楼梯	0.270	0.165
老年人建筑楼梯	住宅建筑楼梯	0.300	0.150
	公共建筑楼梯	0.320	0.130
托儿所、幼儿园楼梯		0.260	0.130
小学校楼梯		0.260	0.150
人员密集且竖向交通繁忙的建筑和大、中学校楼梯		0.280	0.165
其他建筑楼梯		0.260	0.175
超高层建筑核心筒内楼梯		0.250	0.180
检修及内部服务楼梯		0.220	0.200

注:螺旋楼梯和扇形踏步离内侧扶手中心0.250 m处的踏步宽度不应小于0.220 m。

(11)梯段内每个踏步高度、宽度应一致,相邻梯段的踏步高度、宽度宜一致。

(12)当同一建筑地上、地下为不同使用功能时,楼梯踏步高度和宽度可分别按表15.1的规定执行。

(13)踏步应采取防滑措施。

(14)当专用建筑设计标准对楼梯有明确规定时,应按国家现行专用建筑设计标准的规定执行。

§ 参考答案

一、填空题

1. 踏面;踢面
2. 安全挡台

二、单项选择题

1. B
2. C
3. A
4. B
5. C
6. A
7. D
8. C
9. A
10. D
11. C
12. C
13. B
14. D

三、多项选择题

1. ABC
2. BCD
3. ACD
4. ABC
5. ABC

6. BD

7. ACD

四、简答题

1. 楼梯设计的一般步骤主要包括哪些内容？

(1)决定层间梯段段数及其平面转折关系。

(2)按照《民用建筑通用规范》GB 55031—2022要求通过试商决定层间的楼梯踏步数。

(3)决定整个楼梯间的平面尺寸。

(4)用剖面来检验楼梯的平面设计。

2. 楼梯由哪几部分组成？各部分的作用和要求是什么？

楼梯由三大组成部分：①梯段：设有踏步供楼层上下行走的通道段落，是楼梯的主要使用和承重部分。踏步级数一般不多于18级，不少于3级。②平台：连接两个相邻梯段的水平部分。平台包括楼层平台和中间平台。其中，楼层平台是指与楼层标高一致的平台，中间平台是介于两个相邻楼层之间的平台。平台的作用是缓解疲劳和转向。③栏杆(栏板)和扶手：装设于梯段和平台的边缘，栏杆(栏板)起围护作用，扶手用于依扶。栏杆(栏板)和扶手的设计，应考虑坚固、安全、适用和美观等问题。

3. 楼梯如何分类？工程中常用的楼梯主要有哪些形式？

楼梯分为直行单跑楼梯、直行多跑楼梯、平行双跑楼梯、平行双分楼梯、平行双合楼梯、折行双跑楼梯、折行三跑楼梯、设电梯折行三跑楼梯、交叉跑楼梯、螺旋形楼梯、弧形楼梯等。工程中常用的楼梯主要有直行单跑楼梯、直行多跑楼梯、平行双跑楼梯。

4. 简述楼梯的设计步骤。

首先，根据建筑物的类别和楼梯在平面图中的位置，确定楼梯的形式，根据楼梯的性质和用途，确定楼梯的适宜坡度，选择踏步高度h和踏步宽度b。其次，根据通过人数和楼梯间的尺寸，确定楼梯间的梯段宽度B，并进一步确定踏步级数，$n=H/h$(n为踏步级数，取整数；H为楼层高度)，结合楼梯形式，确定每个梯段的踏步级数。再次，确定楼梯平台宽度B_1，并由初定的踏步宽度b确定梯段的水平投影长度。最后，进行楼梯净空计算，绘制楼梯平面图及立面图，并校核楼梯净空高度是否满足要求。

第 16 章 门和窗

§ 学习指引

(1)门和窗是建筑的重要组成部分。门和窗均属于建筑的维护构件,须具有保温、隔声、防火、防辐射、防风沙等功能。门和窗对建筑立面效果影响较大,设计时,除应根据有关标准、规定确定其数量、大小、尺寸、形状、开启方式等,在构造上还应满足开启灵活、关闭紧密、坚固耐久等要求。

(2)本章课程学习中简要介绍了门窗的作用、常用材料、构成、开启方式、开启线表达及安装,关注了门窗的防水构造和热工性能控制,此外,还介绍了几种特殊门窗,如防火门窗、隔声门窗和防射线门窗的构造。

(3)本章学习中要重点了解门窗的形式与尺寸,熟悉铝合金、塑料、隔热断桥铝合金门窗的构造,了解特殊门窗的类型及构造要求。

§ 练习题

一、填空题

1. 门窗各组成部件之间以及门窗与建筑主体之间起到连接、控制以及固定作用的配件被称为_____。

2. 将门窗开启缝靠室外的一边局部扩大,使室外较大的风压到此处会突然降低,甚至达到与室内等压,以避免雨水压入室内,此种构造方式依据的物理原理为_____。

二、单项选择题

1. 下列选项中,关于采光窗面积与地板面积的比值,说法错误的是(　　)。

　　A.住宅:≥1/7　　　　　　　　B.学校:≥1/5

C.辅助房间：≥1/12　　　　　D.手术室：≥1/5

2. 下列关于采光窗形状及位置的说法,正确的是(　　)。

   A.同等条件下,竖立长方形窗更适用大进深房间

   B.同等条件下,水平长方形窗的光线入射距离更远

   C.如采用顶棚采光窗,亮度会达到侧窗的 1~2 倍

   D.同等条件下,圆形窗采光效果最好

3. 建筑门窗设计时,与下列哪个因素无关？(　　)

   A.采光和通风　　B.密闭性　　　C.热工性能　　　D.承载能力

4. 关于建筑门窗尺寸与门窗洞口尺寸,下列说法中正确的是(　　)。

   A.门窗尺寸＝洞口尺寸　　　　　B.门窗尺寸＞洞口尺寸

   C.门窗尺寸＜洞口尺寸　　　　　D.根据工程实际情况确定

5. 防火门的等级分类共分为(　　)。

   A.二级　　　　　B.三级　　　　C.四级　　　　　D.五级

6. 甲级防火门的耐火极限应大于(　　)。

   A.0.6 h　　　　　B.0.9 h　　　　C.1.2 h　　　　 D.1.5 h

三、多项选择题

1. 下列选项中,关于门的使用和交通安全的说法,正确的是(　　)。

   A.疏散通道上开启方向应与疏散方向一致

   B.全玻璃门应选用安全玻璃或采取防护措施,并应设防撞提示标志

   C.所有门都应有自动关闭功能

   D.门扇开足后不应影响走道的疏散宽度

2. 门窗框一般在截面设计时会制造多道空腔,其目的包括(　　)。

   A.利于破坏毛细现象的生成环境

   B.降低门窗外风压,减少雨水渗漏

   C.改善门窗框外观造型

   D.增加门窗框刚度

3. 下列情况中,窗上玻璃必须选用安全玻璃的是(　　)。

   A.10 层以上建筑的外开窗　　　B.面积大于 1.5 m^2 的玻璃窗

   C.距地 900 mm 以下的玻璃窗　　D.水平夹角≤75°的倾斜窗

4. 门的开启方式有很多种,下列说法中正确的是(　　)。

A.平开门的洞口不宜过大,制作简单,开关灵活

   B.弹簧门适用于有自关要求的场所,门扇尺寸及质量必须与弹簧型号相适应

   C.转门可减少热量损失,适用于人流不集中的公共建筑

   D.上翻门适用于经常开关的车行门,可利用上部空间,不占使用面积

5. 窗的开启方式有很多种,下列说法中正确的是(　　)。

   A.平开窗构造简单,应用最为普遍

   B.上悬窗外开防雨,受开启角度限制,通风效果较差

   C.折叠窗不占用室内空间,窗扇受力状态好,适宜安装较大玻璃

   D.立转开窗引风效果好,防雨及密闭性好,多适用于高侧窗

6. 下列选项中,属于特殊门窗的是(　　)。

   A.隔热门　　　B.防辐射门　　　C.隔声门　　　D.防火门

7. 关于铝合金门窗的特点,下列说法中正确的是(　　)。

   A.热导率较小　　　　　　B.自重轻、强度高

   C.刚性好、密闭性好　　　D.耐腐蚀、便于工厂化生产

8. 关于塑料门窗的特点,下列说法中正确的是(　　)。

   A.绝缘、易保养　　　　　B.变形小、刚度好

   C.气密性、水密性好　　　D.耐腐蚀、保温性能好

四、简答题

1. 建筑门窗的设计应满足哪些条件?
2. 什么是热桥效应?

§拓展知识

以下对"照度标准"的相关知识点做简要介绍。《建筑照明设计标准》GB 50034—2013 中,对建筑室内照明有详细介绍,在了解具体规范条文之前,需要先了解其中与照明相关的基本术语的含义。

(1)光通量:根据辐射对标准光度观察者的作用导出的光度量。单位为流明(lm),1 lm = 1 cd · 1 sr。对于明视觉有:

$$\Phi = K_\mathrm{m} \int_0^\infty \frac{\mathrm{d}\Phi_\mathrm{e}(\lambda)}{\mathrm{d}\lambda} V(\lambda) \mathrm{d}\lambda$$

式中　$\mathrm{d}\Phi_\mathrm{e}(\lambda)/\mathrm{d}\lambda$——辐射通量的光谱分布；

　　　$V(\lambda)$——光谱光(视)效率；

　　　K_m——辐射的光谱(视)效能的最大值，lm/W(流明/瓦特)。在单色辐射时，明视觉条件下的 K_m 值为 683 lm/W($\lambda=555$ nm 时)。

(2) 发光强度：发光体在给定方向上的发光强度是该发光体在该方向的立体角元 $\mathrm{d}\Omega$ 内传输的光通量 $\mathrm{d}\Phi$ 除以该立体角元所得之商，即单位立体角的光通量。单位为坎德拉(cd)，1 cd = 1 lm/sr。

(3) 亮度：由公式 $L = \mathrm{d}^2\Phi/(\mathrm{d}A \cdot \cos\theta \cdot \mathrm{d}\Omega)$ 定义的量。单位为坎德拉每平方米($\mathrm{cd/m^2}$)。

式中　$\mathrm{d}\Phi$——由给定点的光束元传输的并包含给定方向的立体角 $\mathrm{d}\Omega$ 内传播的光通量，lm；

　　　$\mathrm{d}A$——包括给定点的射束截面积，m^2；

　　　θ——射束截面法线与射束方向间的夹角。

(4) 照度：入射在包含该点的面元上的光通量 $\mathrm{d}\Phi$ 除以该面元面积 $\mathrm{d}A$ 所得之商。单位为勒克斯(lx)，1 lx = 1 $\mathrm{lm/m^2}$。

(5) 显色指数：光源显色性的度量。以被测光源下物体颜色和参考标准光源下物体颜色的相符合程度来表示(一般用 R_a 表示)。

住宅建筑照明标准值宜符合表 16.1 规定。

表 16.1　住宅建筑照明标准值

房间或场所		参考平面及其高度	照度标准值/lx	R_a
起居室	一般活动	0.75 m 水平面	100	80
	书写、阅读		300*	
卧室	一般活动	0.75 m 水平面	75	80
	床头、阅读		150*	
餐厅		0.75 m 餐桌面	150	80
厨房	一般活动	0.75 m 水平面	100	80
	操作台	台面	150*	
卫生间		0.75 m 水平面	100	80

续表16.1

房间或场所	参考平面及其高度	照度标准值/lx	R_a
电梯前厅	地面	75	60
走道、楼梯间	地面	50	60
车库	地面	30	60

注：*指混合照明照度。

此外，《建筑采光设计标准》GB 50033—2013、《住宅设计规范》GB 50096—2011、《民用建筑热工设计规范》GB 50176—2016、《民用建筑隔声设计规范》GB 50118—2010等多部规范中，也有针对门窗设计的细致要求，大家学习过程中可根据需要有针对性地查阅资料。

§ 参考答案

一、填空题

1. 门窗五金
2. 空腔原理/等压原理

二、单项选择题

1. D
2. A
3. D
4. C
5. B
6. C

三、多项选择题

1. ABD
2. ABD
3. BCD

4. ABC

5. AB

6. BCD

7. BCD

8. ACD

四、简答题

1. 建筑门窗的设计应满足哪些条件？

(1)采光和通风。

(2)密闭和热工性能。

(3)使用和交通安全。

(4)建筑视觉效果。

2. 什么是热桥效应？

热桥效应指建筑围护结构中的一些部位，在室内外温差的作用下，形成热流相对密集、内表面温度较低的区域。这些部位称为传热较多的桥梁，称之为热桥，有时也称为冷桥。

第17章　建筑防水构造

§学习指引

(1)防水工程能确保建筑物阻挡风雨,防止渗漏,对于如建筑的屋面、阳台、浴室、地下室等经常接触水环境的部位,需要有针对性地进行防水工程设计,以防止渗漏发生。

(2)本章课程学习中详细介绍了建筑屋面及外墙防水,特别细致地讲解了不同类型屋面、墙体、地下室等各部位的防水构造,通过本章的学习,要熟练掌握常见的防水构造设计。

(3)本章的学习重点是熟悉各部位防水构造的原理和方法,了解建筑防水的具体内容。

§练习题

一、填空题

1. 屋面防水时采用合成高分子防水卷材或高聚物改性沥青防水卷材的防水方案被称为_____。

2. 屋面防水设计时,在一定尺寸范围内以及结构易发生较大变形的敏感部位,预先将找平用的水泥砂浆进行人为分隔,预留的分隔缝被称为_____。

3. 将彼此相容的卷材和涂料组合使用而形成的防水方案是_____。

4. 在建筑屋面防水层上铺种植土并种植植物,使其起到防水、保温、隔热和生态环保作用,这种屋面称_____。

5. 在建筑物四周设置永久性降、排水设施,使高过地下室底板的地下水在地下室周围回落至底板标高之下,这种人工降、排水方法被称为_____。

6. 将有可能渗入地下室内的水,通过永久性自流排水系统(如集水沟)排至集水井再用水泵排除的人工降、排水方法被称为_____。

二、单项选择题

1. 下列选项中,一般不考虑防水处理的是(　　)。
   A.屋面　　B.厨房墙体　　C.建筑外墙　　D.地下室墙体

2. 卷材防水屋面的坡度不应小于(　　)。
   A.1%　　B.2%　　C.3%　　D.4%

3. 坡屋面的防水等级共分为(　　)。
   A.一级　　B.二级　　C.三级　　D.四级

4. 学校的坡屋面防水等级应为(　　)。
   A.一级　　B.二级　　C.三级　　D.四级

5. 地下工程的防水等级共分为(　　)。
   A.一级　　B.二级　　C.三级　　D.四级

6. 受侵蚀性介质影响的地下工程,其防水构造可以选择(　　)。
   A.卷材防水　　　　　　B.砂浆防水
   C.涂料防水　　　　　　D.A 选项和 C 选项都可以

7. 地下室顶板处的卷材防水层上的细石混凝土保护层,其厚度应(　　)。
   A.≥50 mm　　B.≥60 mm　　C.≥70 mm　　D.≥80 mm

8. 用作防水的砂浆可以做在结构主体的迎水面或背水面,且水泥砂浆的配比范围是(　　)。
   A.1∶1～1∶1.5　　　　　　B.1∶1.5～1∶1.8
   C.1∶1.5～1∶2　　　　　　D.1∶2～1∶2.5

9. 为防止室内积水外溢,有水房间的楼面或地面标高应比相邻房间或走廊低(　　)mm。
   A.10～20　　B.20～30　　C.30～40　　D.40～50

三、多项选择题

1. 工程实践中,防水构造措施总结起来可分为哪两大类?(　　)
   A.构造防水　　B.材料防水　　C.方案防水　　D.设计防水

2. 建筑屋面排水分区时,需要考虑的因素包括(　　)。
   A.屋面高度　　B.屋面形式　　C.屋面面积　　D.屋面高低层

3. 下列选项中,关于平屋面排水坡度的说法正确的是(　　)。

A.屋面坡度为0　　　　　　　　B.结构找坡,坡度≥3%
C.干旱地区,坡度可以较为平缓　　D.建筑找坡,坡度宜为2%

4. 根据所用防水材料的不同,屋面防水方案可以包括(　　)。
   A.卷材防水　　B.建筑防水　　C.涂膜防水　　D.复合防水

5. 采用卷材防水方案时,下列选项中需要加铺一层防水卷材的是(　　)。
   A.女儿墙顶端　　　　　　　B.天沟与屋面交接处
   C.檐沟　　　　　　　　　　D.屋面平面与立面交接处

6. 涂膜防水方案按不同材料,可分为(　　)。
   A.合成高分子防水涂膜　　　B.聚合物水泥防暑涂膜
   C.高聚合物改性沥青防水涂膜　D.合成树脂防水卷材

7. 关于涂膜防水方案的工作机理,下列说法中正确的是(　　)。
   A.形成不溶性的物质并堵塞混凝土表面的微孔
   B.通过卷材本身的非透水性阻隔水对建筑的影响
   C.形成不透水的薄膜覆盖基层表面
   D.通过卷材本身的柔性防水特性形成防水屏障

8. 在确定屋面防水工程防水等级时,需要考虑的因素包括(　　)。
   A.建筑类别　　B.重要程度　　C.使用功能　　D.建设地点

9. 防水卷材的搭接方式主要包括(　　)。
   A.热风焊接　　B.热熔黏结　　C.胶黏剂　　　D.铆钉连接

10. 外墙板之间的板缝可以分为(　　)。
    A.水平缝　　　B.垂直缝　　　C.交叉缝　　　D.十字缝

11. 关于地下工程一级防水等级的说法,正确的是(　　)。
    A.不允许漏水　　　　　　　B.结构表面无湿渍
    C.不得有线流　　　　　　　D.不得漏水泥和砂浆

12. 关于地下室防水构造的说法,正确的是(　　)。
    A.当地下水较低时,地下室可以只做防潮处理
    B.应采用外围形成整体的防水构造
    C.当把防水材料做在结构背水面时,内部需加强处理
    D.防水材料应做在结构的迎水面并确保闭合

13. 有振动作用的地下工程,其防水构造可以选择的是(　　)。
    A.卷材防水　　　　　　　　B.砂浆防水

C.涂料防水　　　　　　　　　D.上述三种都可以

14. 下列关于聚合物水泥涂料的说法中,正确的是(　　)。

A.以高分子聚合物为主要基料

B.加入少量无机活性粉料,如水泥、石英砂等

C.比一般有机涂料干燥快、弹性模量低

D.体积收缩较大,抗渗性差

四、简答题

1. 建筑防水构造的基本原则是什么?
2. 种植屋面的构造特点有哪些?

§ 拓展知识

渗漏问题是建筑工程中较为普遍的质量通病,渗水严重时会导致混凝土内钢筋腐蚀,且腐蚀会随时间的延续而逐渐累积,给建筑结构造成损伤,损伤的累积会导致结构性能逐步劣化,严重时甚至影响建筑的使用寿命。因此,防水工程在建筑工程中占有十分重要的地位。不同建筑部位的防水要求也各不相同,涉及防水工程的规范有《屋面工程技术规范》GB 50345—2012、《地下工程防水技术规范》GB 50108—2008、《建筑外墙防水工程技术规程》JGJ/T 235—2011、《建筑与市政工程防水通用规范》GB 55030—2022 等。

本部分重点介绍地下工程的防水,补充介绍了《地下工程防水技术规范》GB 50108—2008 中对地下工程不同防水等级适用范围的规定。地下工程不同防水等级的适用范围,应根据工程的重要性和使用中对防水的要求按表17.1选定。

表 17.1　不同防水等级的适用范围

防水等级	适用范围
一级	人员长期停留的场所;因有少量湿渍会使物品变质、失效的贮物场所及严重影响设备正常运转和危及工程安全运营的部位;极重要的战备工程、地铁车站
二级	人员经常活动的场所;在有少量湿渍的情况下不会使物品变质、失效的贮物场所及基本不影响设备正常运转和工程安全运营的部位;重要的战备工程

续表17.1

防水等级	适用范围
三级	人员临时活动的场所；一般战备工程
四级	对渗漏水无严格要求的工程

§ 参考答案

一、填空题

1. 卷材防水

2. 分仓缝

3. 复合防水

4. 种植屋面

5. 外排法

6. 内排法

二、单项选择题

1. B
2. C
3. B
4. A
5. D
6. D
7. A
8. C
9. B

三、多项选择题

1. AB
2. BCD
3. BCD

4. ACD

5. BCD

6. ABC

7. AC

8. ABC

9. ABC

10. ABD

11. AB

12. BCD

13. AC

14. ABC

四、简答题

1. 建筑防水构造的基本原则是什么?

(1)有效控制建筑物的变形,如热胀冷缩、不均匀沉降等,并对有可能因为变形引起开裂的部位事先采取对应措施。

(2)对有可能积水的部位,采取疏导措施,使水能够及时排走,不至于因积水而造成渗漏。

(3)对防水的关键部位,采取构造措施将水堵在外面,不使其入侵。

2. 种植屋面的构造特点有哪些?

(1)需要在种植土下方用聚酯无纺布或其他具有良好内部结构、可以渗水但不让土的微小颗粒通过的土工布等作为过滤层,使得种植土可以得到保留,而土中多余的水可以被过滤出来。

(2)在过滤层下面设置排水层,使得被过滤出来多余的水能够尽快通过屋面排水系统排出,以防止积水。

第 18 章　建筑保温、隔热构造

§学习指引

(1)本章的课程学习中简要介绍了建筑热工构造的基本原理,并讨论了建筑外部围护结构的保温及隔热构造。

(2)适宜的建筑使用环境是人们生活和生产的基本要求。本章特别关注如何通过建筑构造来保障建筑内部的合适温度和湿度,特别是从建筑外围护结构角度,详细介绍了屋面、墙体、门窗等构件的具体构造做法。

(3)本章的学习重点是掌握热量传导的基本方式,明确建筑外围护结构传热的过程,了解建筑节能设计的相关限值指标,理解水汽对建筑热工性能的影响,掌握屋面、外墙常用保温、隔热构造做法,理解门窗保温构造重点。

§练习题

一、填空题

1. 物体内部高温处的分子向低温处的分子连续不断传送热能的热量传播方式被称为_____。

2. 流体中温度不同的各部分相对运动而使热量发生转移的热量传播方式被称为_____。

3. 物体内部高温处的分子在振动激烈时释放出辐射波,使热能按电磁波的形态进行传递的热量传播方式被称为_____。

4. 稳态条件下,围护结构两侧温差为 1 ℃,在单位时间内通过单位面积围护结构的传热量被定义为_____。

5. 建筑物和室外大气接触的外表面积与其所包围的体积的比值被定义为建筑的_____。

6. 围护结构表面温度低于附近空气露点温度时,空气中的水蒸气在围护结构表面析出形成凝结水的现象被称为_____。

7. 在大气压力一定、含湿量不变的条件下,未饱和空气因冷却而达到饱和时的温度被定义为_____。

8. 在冬季室外温度较低的情况下,如果水汽受冻结冰,体积膨胀,就会使材料内部结构遭到破坏,这种破坏被称为_____。

二、单项选择题

1. 按照气候特征,我国的建筑热工分区一级分区的区域个数为(　　)。
   A.4　　　　B.5　　　　C.6　　　　D.7

2. 建筑屋顶与外墙交界处的保温层,应设置水平防火隔离带,其宽度要求是(　　)。
   A.≥300 mm　　B.≥400 mm　　C.≥500 mm　　D.≥600 mm

3. 外墙外保温构造要求每层设置水平隔离带,隔离带尺寸不小于(　　)。
   A.300 mm　　B.400 mm　　C.500 mm　　D.600 mm

4. 寒冷地区,建筑底层室内采用实铺地面构造,对于直接接触土壤的周边墙体,在一定范围内要做保温处理,其外墙内侧起算高度是(　　)。
   A.1 m　　　　B.1.5 m　　　C.2 m　　　　D.2.5 m

三、多项选择题

1. 热量从高温处向低温处转移的方式包含(　　)。
   A.热传导　　B.热对流　　C.热辐射　　D.热传递

2. 在对建筑外围护结构进行热工设计时,若考虑水汽影响,需要关注的因素包括(　　)。
   A.阻止水汽进入保温材料内部
   B.安排通道使进入围护结构中的水汽能够排出
   C.如果围护结构内部孔隙相互连通,可以不考虑水汽影响
   D.如果围护结构自身具有防水功能,可以不考虑水汽影响

3. 建筑屋面保温层的设置部位,一般包含下列哪些情况?(　　)
   A.保温层放置在屋面保护层之上
   B.保温层放置在屋面结构层与防水层之间,下设隔蒸汽层
   C.保温层放置在屋面防水层之上

D.保温层放置在屋面结构层之下

4. 保温层与建筑外墙基层墙体的相对位置关系包括( )。
   A.保温层设置在外墙的内侧　　B.保温层设置在外墙的外侧
   C.保温层设置在外墙的夹空层中　D.保温层分别设置在外墙内、外侧

5. 外墙外保温构造的特点包括( )。
   A.不占用室内使用面积
   B.使外墙整体处于保温层保护之下
   C.防止墙体冬季结露甚至发生冻融破坏
   D.保温层设置在外墙的内侧

6. 带断热装置的金属型材双层玻璃窗的构造特点是( )。
   A.窗框是导热系数较大的金属材料,热桥效应明显
   B.能有效阻挡热量在金属材料中的传导
   C.密封条可保证使用时的气密性
   D.双层玻璃中间的惰性气体可减少由玻璃损失的热量

7. 当在建筑物的屋面部分设通风层时,比较合适的位置是( )。
   A.屋面的面层之上　　　　B.屋面的面层之下
   C.顶层房间的顶板与吊顶之间　D.建筑首层外墙上

四、简答题

1. 简述建筑外围护结构的传热过程。
2. 简述建筑外墙保温层构造的原则。

§ 拓展知识

建筑节能,是指建筑物在规划、设计、建造和使用过程中,通过执行有关法律、法规及建筑节能标准和规范,在保证建筑物使用功能和室内热环境质量的前提下,降低建筑能源消耗,合理、有效地利用能源的活动。随着社会经济的高速发展,节约能源和保护环境已成为我国的基本国策,节能减排是保持我国经济社会可持续发展的重要保障。建筑围护结构组成部件(屋顶、墙、门和窗、遮阳设施等)的设计对建筑能耗、环境性能、室内空气质量与用户所处的视觉和热舒适环境有根本的影响。据不完全统计,一般改善围护结构的费用仅为总投

资的 3%~6%,而节能费用却可达总投资的 20%~40%。通过改善建筑物围护结构的热工性能,在夏季可减少室外热量传入室内,在冬季可减少室内热量的流失,使建筑热环境得以改善,从而减少建筑冷、热消耗。

因此,建筑围护结构的热工性能的合理设计,对提高采暖、制冷的运行效率、降低建筑能源消耗、推动建筑可持续发展意义重大。涉及建筑围护结构的热工性能描述的规范有《民用建筑热工设计规范》GB 50176—2016、《屋面工程技术规范》GB 50345—2012、《建筑设计防火规范》GB 50016—2014(2018 年版)、《外墙内保温工程技术规程》JGJ/T 261—2011、《外墙外保温工程技术标准》JGJ 144—2019、《建筑外墙外保温系统修缮标准》JGJ 376—2015、《建筑气候区划标准》GB 50178—93 等。此处以建筑热工设计一级区划为例,简要介绍建筑热工设计的基本原则。以下内容引自规范《民用建筑热工设计规范》GB 50176—2016。

(1)最冷月平均温度 $t_{\min \cdot m}$ 应为累年一月平均温度的平均值。

(2)最热月平均温度 $t_{\max \cdot m}$ 应为累年七月平均温度的平均值。

(3)$d_{\leq 5}$ 为日平均温度≤5 ℃的天数。

(4)$d_{\geq 25}$ 为日平均温度≥25 ℃的天数。

(5)建筑热工设计区划分为两级。建筑热工设计一级区划指标及设计原则应符合表 18.1 的规定。

表 18.1 建筑热工设计一级区划指标及设计原则

一级区划名称	区划指标		设计原则
	主要指标	辅助指标	
严寒地区(1)	$t_{\min \cdot m} \leq -10$ ℃	$145 \leq d_{\leq 5}$	必须充分满足冬季保温要求,一般可以不考虑夏季防热
寒冷地区(2)	-10 ℃ $< t_{\min \cdot m} \leq 0$ ℃	$90 \leq d_{\leq 5} < 145$	应满足冬季保温要求,部分地区兼顾夏季防热
夏热冬冷地区(3)	0 ℃ $< t_{\min \cdot m} \leq 10$ ℃ 25 ℃ $< t_{\max \cdot m} \leq 30$ ℃	$0 \leq d_{\leq 5} < 90$ $40 \leq d_{\geq 25} < 110$	必须满足夏季防热要求,适当兼顾冬季保温
夏热冬暖地区(4)	10 ℃ $< t_{\min \cdot m}$ 25 ℃ $< t_{\max \cdot m} \leq 29$ ℃	$100 \leq d_{\geq 25} < 200$	必须充分满足夏季防热要求,一般可不考虑冬季保温

续表18.1

一级区划名称	区划指标 主要指标	区划指标 辅助指标	设计原则
温和地区（5）	$0\ ℃ < t_{min·m} ≤ 13\ ℃$ $18\ ℃ < t_{max·m} ≤ 25\ ℃$	$0 ≤ d_{≤5} < 90$	部分地区应考虑冬季保温，一般可不考虑夏季防热

§参考答案

一、填空题

1. 热传导
2. 热对流
3. 热辐射
4. 传热系数
5. 体型系数
6. 结露
7. 露点温度
8. 冻融性破坏

二、单项选择题

1. D
2. C
3. A
4. C

三、多项选择题

1. ABC
2. ABD
3. BCD
4. ABC

5. ABC
6. BCD
7. AC

四、简答题

1. 简述建筑外围护结构的传热过程。

建筑外围护结构表面首先通过与附近空气之间的对流与导热以及与周围其他表面之间的辐射传热,从周围温度较高的空气中吸收热量;然后在围护结构内部由高温向低温的一侧传递热量,此间的传热以材料内部的导热为主;最后维护结构的另一个表面将继续向周围温度较低的空间散发热量。

2. 简述建筑外墙保温层构造的原则。

(1)适应基层的正常变形而不产生裂缝及空鼓。

(2)长期承受自重而不产生有害变形。

(3)承受风荷载的作用而不产生破坏。

(4)在室外气候的长期反复作用下不产生破坏。

(5)罕遇地震时不从基层上脱落。

(6)具有防止渗透的功能。

(7)防火性能符合国家有关规定。

(8)各组成部分具有物理-化学稳定性,所有的组成材料彼此相容,并具有防腐性。

第 19 章　建筑变形缝构造

§学习指引

(1)建筑受气温变化、地基不均匀沉降及地震等各种外界因素的影响,结构内部会产生附加应力和变形,如处理不当,会造成建筑裂缝,影响建筑的正常使用,严重时甚至造成结构倒塌。对于此问题,常用的解决方法主要有两种,一是提高建筑的整体性,使之具有足够的刚度和强度,以克服上述的附加应力;二是在建筑应力较为集中的敏感部位,预先将结构断开,留有足够的变形宽度,以防止建筑物的破损。本章教学中介绍的变形缝主要是针对第二种方法。

(2)要熟练掌握变形缝的种类,针对每一种变形缝的设置原因、构造方式及各变形缝之间的区别,进行对比学习。

(3)本章的学习重点是熟练掌握各种变形缝的概念、作用和设置原则,拓展了解各规范中对变形缝的相关要求,了解变形缝盖缝的构造要求。

§练习题

一、填空题

1. 为防止建筑物因温度变化、不均匀沉降及地震造成的破坏而在敏感部位设置的构造缝被称为_____。

2. 设计沉降缝上的盖板时必须注意_____(上下/水平)方向的位移。

二、单项选择题

1. 为解决建筑物因超长、昼夜温差而引起的变形所设置的变形缝是(　　)。
　　A.伸缩缝　　　B.沉降缝　　　C.抗震缝　　　D.构造缝

2. 为解决建筑物由于地基不均匀沉降而引起的变形所设置的变形缝

是( )。

　　A.伸缩缝　　　B.沉降缝　　　C.抗震缝　　　D.温度缝

3. 为解决建筑物由于地震引发的相互碰撞而设置的变形缝是( )。

　　A.伸缩缝　　　B.沉降缝　　　C.抗震缝　　　D.温度缝

4. 在设置伸缩缝时,关于建筑物的基础,说法正确的是( )。

　　A.基础需要断开　　　　　　B.基础不需要断开

　　C.基础可断开可不断开　　　D.无法判断

5. 下列类型砌体房屋伸缩缝的间距,距离最大的是( )。

　　A.硅酸盐砖砌体及木屋顶　　B.混凝土砌块砌体楼板层

　　C.石砌体黏土瓦屋顶　　　　D.普通黏土砖的石棉水泥瓦屋顶

6. 下列类型钢筋混凝土房屋伸缩缝的间距,距离最大的是( )。

　　A.装配式排架结构的室内部分　B.装配式框架结构的露天部分

　　C.装配式排架结构的露天部分　D.现浇式框架结构的露天部分

7. 在设置沉降缝时,关于建筑物的基础,下列说法中正确的是( )。

　　A.基础需要断开　　　　　　B.基础不需要断开

　　C.基础可断开可不断开　　　D.无法判断

8. 在设置抗震缝时,关于建筑物的基础,下列说法中正确的是( )。

　　A.基础需要断开　　　　　　B.基础不需要断开

　　C.基础可断开也可不断开　　D.无法判断

9. 下列变形缝中,同等条件下宽度最大的是( )。

　　A.伸缩缝　　　B.沉降缝　　　C.抗震缝　　　D.温度缝

三、多项选择题

1. 设置伸缩缝时需要考虑的因素有( )。

　　A.建筑物的长度　　　　　　B.建筑的高度

　　C.建筑的结构类型　　　　　D.建筑屋盖刚度

2. 关于伸缩缝的影响因素,下列选项中正确的是( )。

　　A.建筑物的长度主要关系到温度应力积累的大小

　　B.建筑的高度主要影响太阳辐射的强弱

　　C.建筑结构类型和屋盖刚度会影响温度应力是否容易传递及其对其他部分的影响

D.是否设置保温层关系到结构直接受温度应力影响的程度

3. 设置沉降缝时需要考虑的因素包括( )。
   A.建筑物高度较高　　　　　　B.地基土质不均匀
   C.新老建筑相邻　　　　　　　D.建筑本身高差较大

4. 关于建筑概念设计时建筑体型的规则性,下列选项中正确的是( )。
   A.规则的建筑可不采取抗震构造设计
   B.不规则的建筑物应按规定采取加强措施
   C.特别不规则的建筑应进行专门研究
   D.严重不规则的建筑不应采用

5. 对抗震不利的建筑平面不规则的类型包括( )。
   A.扭转不规则　　　　　　　　B.凹凸不规则
   C.楼板局部不连续　　　　　　D.楼层承载力突变

6. 下列情况中,属于建筑平面不规则的是( )。
   A.楼层最大弹性水平位移大于该楼层两端弹性水平位移的1.2倍
   B.平面凹进的尺寸大于相应投影方向总尺寸的50%
   C.楼板开洞面积大于该层楼面面积的30%
   D.有较大的楼层错层

7. 对抗震不利的建筑竖向不规则包括( )。
   A.扭转不规则　　　　　　　　B.侧向刚度不规则
   C.侧向抗侧力构件不连续　　　D.楼层承载力突变

8. 下列建筑属于建筑竖向不规则的是( )。
   A.楼层侧向刚度小于相邻上一层的50%
   B.楼层侧向刚度小于相邻三个楼层侧向刚度平均值的80%
   C.竖向柱子的内力由梁向下传递
   D.顶层局部收进的水平向尺寸大于相邻下一层的25%

9. 建筑物设变形缝的部位必须全部做盖缝处理,其目的是( )。
   A.防止雨水渗漏　　　　　　　B.防止热桥作用
   C.改善变形缝的承载力　　　　D.保证建筑的美观性

四、简答题

1. 简述变形缝的布置方法及各自的特点。

2. 在处理变形缝盖缝处时，需要特别注意的是什么？

3. 伸缩缝、沉降缝、抗震缝之间的区别是什么？

§拓展知识

昼夜温差、不均匀沉降以及地震作用都可能引起结构变形，而这些变形可能导致建筑破坏，因此在建筑变形较为敏感的部位或其他必要的部位，要预设构造缝将建筑物分隔开来，使建筑能适应变形的需求。《民用建筑通用规范》GB 55031—2022、《民用建筑设计统一标准》GB 50352—2019、《建筑变形缝装置》JG/T 372—2012、《给水排水工程构筑物结构设计规范》GB 50069—2002、《建筑设计防火规范》GB 50016—2014（2018 年版）、《坡屋面工程技术规范》GB 50693—2011、《地下工程防水技术规范》GB 50108—2008、《严寒和寒冷地区居住建筑节能设计标准》JGJ 26—2018 等规范，都有涉及变形缝的相关内容。

以《民用建筑设计统一标准》GB 50352—2019 为例，在其第 6.10 条中，特别说明了墙身和变形缝的构造要求。变形缝的设置应符合下列规定：

（1）变形缝应按设缝的性质和条件设计，使其在产生位移或变形时不受阻，且不破坏建筑物。

（2）根据建筑使用要求，变形缝应分别采取防水、防火、保温、隔声、防老化、防腐蚀、防虫害和防脱落等构造措施。

（3）变形缝不应穿过厕所、卫生间、盥洗室和浴室等用水的房间，也不应穿过配电间等严禁有漏水的房间。

§参考答案

一、填空题

1. 变形缝

2. 上下

二、单项选择题

1. A

2. B

3. C

4. B

5. D

6. A

7. A

8. C

9. C

三、多项选择题

1. ACD

2. ACD

3. BCD

4. BCD

5. ABC

6. ACD

7. BCD

8. BC

9. ABD

四、简答题

1. 简述变形缝的布置方法及各自的特点。

(1)按建筑物承重体系的类型,在变形缝两侧设置双墙或双柱。这种做法较为简单,但容易使变形缝两边的结构基础产生偏心。

(2)变形缝两侧的垂直承重构件分别退开变形缝一定距离,或单边退开,再做水平构件悬臂向变形缝的方向挑出。这种做法的基础部分可以退开变形缝一定距离,保障变形缝施工空间,特别适用于沉降缝。

(3)用一段简支的水平构件做过渡处理,即在两个独立单元相对的两侧各伸出悬臂构件来支承中间一段水平构件。这种做法多用于连接两个建筑物的架空走道等,但在抗震设防地区需谨慎使用。

2. 在处理变形缝盖缝处时,需要特别注意的是什么?

(1)盖缝板的形式必须能够符合所属变形缝类别的变形需要。

(2)盖缝板的材料及构造方式必须能够符合变形缝所在部位的其他功能需要,特别是防水和防火的需要。

(3)在变形缝内部应当用具有自防水功能的柔性材料来塞缝。

3. 伸缩缝、沉降缝、抗震缝之间的区别是什么?

(1)对应的变形原因不同。

①伸缩缝:昼夜温差引起的热胀冷缩。

②沉降缝:建筑物相邻部分高差大、结构形式变化大、基础埋深差别大、地基不均匀等引起的不均匀沉降。

③抗震缝:地震作用。

(2)设置依据不同。

①伸缩缝:建筑的长度、结构类型与屋盖刚度。

②沉降缝:地基情况和建筑高度。

③抗震缝:设防烈度、结构材料种类、结构类型、结构单元高度和高差、极易可能的地震扭转效应情况。

(3)断开部位不同。

①伸缩缝:除基础外,沿全高断开。

②沉降缝:从基础到屋顶全部断开。

③抗震缝:建筑物全高设缝,基础可断开也可不断开。

(4)缝宽不同。

三种变形缝的宽度各不相同,需根据规范要求确认具体宽度,但在抗震设防地区,无论哪种变形缝,均需按抗震缝的宽度来进行设计。

第 20 章　建筑工业化

§学习指引

（1）建筑工业化是建筑业发展的必然方向，为确保建筑产品质量、优化产业结构、加快建设速度、提高劳动生产率，加快发展建筑工业化的意义重大。

（2）本章的课程学习中介绍了建筑工业化的基本概念及工业化建筑体系，特别介绍了目前发展建筑工业化的两种主要方式，并详细介绍了每种方式的特点及其配套设备的工业化，最后阐述了建筑模数制度对工业化的意义。

（3）本章学习时，要求掌握工业设计的一些基本要求，了解工业建筑的特点、分类及设计要求。

§练习题

一、填空题

1. 通过现代化的制造、运输、安装和科学管理的大工业生产方式，替代传统建筑业中低水平、分散、低效率的手工业生产方式的过程被称为_____。

2. 适用于某一种或几种定型化建筑使用的专用构配件和生产方式所建造的成套工业化建筑体系被称为_____。

3. 通过工厂加工生产的预制构件和配件，在施工现场用机械装配而成的建筑被称为_____。

4. 在现场采用工具模板和泵送混凝土等机械化施工的方式，实现建筑整体现浇或主体结构现浇，并与预制好的围护结构、分隔构件相结合的形式形成的建筑被称为_____。

5. 以轻型钢结构为骨架、轻型复合墙体为外围护结构所构建的装配式建筑被称为_____。

6. 我国住宅构件在平面尺寸上采用的模数为_____,而在垂直方向上采用的模数为_____。

7. 建筑行业中尺度协调中的增值单位被称为_____。

8. 在对建筑物进行体系化设计的过程中,对各种采用不同模数系列的构件在定位时采取尺寸协调的过程被称为_____。

二、单项选择题

1. 装配式剪力墙结构最大适用高度 H_1 与现浇剪力墙结构最大适用高度 H_2 之间的关系,说法正确的是(　　)。

　　A.$H_1 > H_2$　　B.$H_1 < H_2$　　C.$H_1 = H_2$　　D.无法判断

2. 装配式框架结构最大适用高度 H_3 与现浇框架结构最大适用高度 H_4 之间的关系,说法正确的是(　　)。

　　A.$H_3 > H_4$　　B.$H_3 < H_4$　　C.$H_3 = H_4$　　D.无法判断

3. 模数协调中的基本尺寸单位是(　　)。

　　A.分模数　　B.模数　　C.扩大模数　　D.基本模数

4. 一个基本模数所代表的尺寸是(　　)。

　　A.1M = 100 mm　B.1M = 500 mm　C.1M = 300 mm　D.1M = 1 000 mm

5. 一般民用建筑的房间开间和进深的模数单位是(　　)。

　　A.3M　　B.1M　　C.6M　　D.4M

三、多项选择题

1. 下列选项中,关于建筑工业化总目标的说法,正确的是(　　)。

　　A.提高劳动效率　　B.减少现场作业

　　C.提高机械化、装配化进程　　D.改善建筑效果

2. 下列选项中,关于工业化建筑专用体系的说法,正确的是(　　)。

　　A.具有连接的通用性　　B.具有技术先进性

　　C.具有设计专用性　　D.缺少与其他体系配合的互换性

3. 发展建筑工业化的主要途径包括(　　)。

　　A.发展预制装配式建筑　　B.发展装配整体式建筑

　　C.发展现浇混凝土建筑　　D.发展传统建筑形式

4. 现代建筑的工厂化生产,其特点包括( )。

　　A.加快了建造速度　　　　　　B.减少了建设费用

　　C.降低了现场环境污染　　　　D.提高了建造效率

5. 根据建筑主体结构形式的不同,预制装配式建筑可以分为( )。

　　A.墙体装配式　B.框架装配式　C.盒子装配式　D.板材装配式

6. 下列选项中,关于装配式混凝土板材建筑的说法,正确的是( )。

　　A.墙板位置可以随意移动　　　B.适用于开间较小的房间

　　C.一般适用于低烈度地区　　　D.多用于多层住宅

7. 下列选项中,关于盒子装配式建筑的说法,正确的是( )。

　　A.按室内空间进行分隔

　　B.盒子内部可预先完成设备安置及装修

　　C.对加工、起吊、运输设备要求较低

　　D.工业化程度较高

8. 下列选项中,关于盒子装配式建筑组合方式的说法,正确的是( )。

　　A.盒子之间相互叠合

　　B.通过悬索直接吊装盒子

　　C.盒子放置于框架结构中

　　D.筒体作为支承,盒子悬挂于筒体周围

9. 根据构成主体结构的预制构件的形式及预制装配方式,钢筋混凝土骨架装配式建筑可以分为( )。

　　A.装配式墙体体系　　　　　　B.装配式板柱体系

　　C.装配式部分骨架体系　　　　D.装配式框架体系

10. 关于工业化建筑中的配套设备与建筑主体结构的关系,下面说法正确的是( )。

　　A.与主体结构交叉的管线,在主体结构施工时预留出孔洞

　　B.与主体结构不交叉的设备,在主体结构完成后另行布置

　　C.通风管道一般做成特殊的预制构件,现场组装后再进行连通

　　D.卫生间的设备管线设计不宜采用同层排水方式

11. 模数制度的优势主要表现在( )。

　　A.有利于确定建筑中构件的相对位置

B.便于实现产品的通用性与互换性

C.有利于确定构件间的连接方式

D.有利于对构件生成的标准化控制

四、简答题

1. 简述模数制度对建筑工业化的意义。
2. 建筑工业化的概念和主要标志是什么?

§ 拓展知识

建筑工业化是涉及建筑设计标准化、构配件生产工厂化、施工机械化和管理科学化的综合系统工程。

建筑工业化是顺应时代发展的必然结果,主要体现在以下几个方面:

(1)符合国家低碳经济的要求。建筑工业是对传统建筑生产方式的变革,在提高效率与品质的同时,有效降低了资源、能耗,有利于实现节能减排、碳中和目标。

(2)应对人力资源紧缺及人工成本持续提高的难题,建筑工业化通过引入新技术、科学统筹施工环节,可以提升效率,降低人工成本。

(3)缩短施工周期,减少对周围环境的干扰。

(4)有利于推动智慧城市的建成。

为适应建筑工业化的发展,相关部门陆续颁布了系列规范和图集,如《工业化住宅尺寸协调标准》JGJ/T 445—2018、《工业化建筑构件编码标准》T/CCIAT 0019—2020、《住宅内装工业化设计——整体收纳》17J509-1、《工业化住宅建筑外窗系统技术规程》CECS 437:2016、《建筑工业化内装工程技术规程》T/CECS 558—2018、《工业化木结构构件质量控制标准》T/CECS 658—2020等。

§ 参考答案

一、填空题

1. 建筑工业化
2. 专用体系
3. 预制装配式建筑
4. 装配整体式建筑
5. 轻钢装配式建筑
6. 3M；1M
7. 模数
8. 模数尺寸协调

二、单项选择题

1. B
2. C
3. D
4. A
5. A

三、多项选择题

1. ABC
2. BCD
3. AB
4. ACD
5. BCD
6. BCD
7. ABD
8. ABC
9. ABC

10. ABC

11. BCD

四、简答题

1. 简述模数制度对建筑工业化的意义。

模数是一种度量单位,在建筑行业中,通过实行模数制度来从数学的组织原则上对构配件的生产进行标准化的控制,以实现工厂化管理和生产组织的目标,并且实现产品的通用性与互换性。因此,模数制度是实现建筑工业化和体系化的重要保障。

2. 建筑工业化的概念和主要标志是什么?

建筑工业化的概念:建筑工业化是指通过现代化的制造、运输、安装和科学管理的大工业生产方式,替代传统建筑业中低水平、分散、低效率的手工业生产方式的过程。建筑工业化的主要标志:构配件生产工厂化、建筑设计标准化、施工机械化、组织管理科学化。

第5篇　工业建筑设计

第21章　工业建筑概述

§学习指引

(1)工业建筑是从事工业生产和为工业生产而服务的建筑物、构筑物的总称。日常生活中提到的厂房、车间就是工业建筑最常用的说法。

(2)本章的课程学习中简要介绍了我国工业建筑的发展历程,详细说明了工业建筑的特点、分类及设计要求。此外,还特别就绿色工业建筑的基本概念、行业常用的设计导则进行了简要的阐述,这有利于专业视野的扩展。

(3)本章学习中,要求掌握工业建筑的基本概念、特点及分类方式,了解工业建筑的设计要求和绿色建筑理念在工业建筑中的具体应用模式,探索未来工业建筑的绿色可持续发展道路。

§练习题

一、填空题

1. 为防止大气环境污染,洁净厂房与交通干道之间的距离宜大于_____m。

2. 在全生命周期内,最大限度地节能、节水、节地、节材,保护环境、减少污染,为生产、生活提供适用、健康、安全的使用空间,与自然和谐共生的建筑被称为_____。

二、单项选择题

1. 工业建筑厂房按用途分类时,不包含下列哪个选项?（   ）
   A.主要生产厂房   B.辅助生产厂房
   C.动力用房   D.洁净厂房

2. 生产工艺中有大型设备、起重机的机械、冶金等行业,需要水平方向组织工业流程时,常选用的厂房形式为(   )。
   A.单层厂房   B.多层厂房
   C.混合层数厂房   D.高层厂房

3. 生产工艺的设备、产品较轻,需要竖向布置工业流程时,常选用的厂房形式为(   )。
   A.单层厂房   B.多层厂房
   C.混合层数厂房   D.高层厂房

4. 有大气污染的厂房,厂址选择应位于环境空气敏感区的(   )。
   A.常年小频率风向的下风方位   B.常年小频率风向的上风方位
   C.常年大频率风向的下风方位   D.常年大频率风向的上风方位

5. 厂房方位与风向之间的关系,下列说法中正确的是(   )。
   A.L形、U形开口部分应位于夏季主导风向的背风面
   B.厂房方位布置可不考虑风向影响
   C.厂房各翼的纵轴与主导风向成0°~45°夹角
   D.主要朝向宜东西向

三、多项选择题

1. 工业建筑厂房按生产环境分类时,包含下列哪些选项?（   ）
   A.冷加工厂房   B.恒温恒湿厂房   C.热加工厂房   D.储藏类厂房

2. 工业建筑厂房按专业用途分类时,包含下列哪些选项?（   ）
   A.联合厂房   B.专业厂房
   C.运输工具厂房   D.通用厂房

3. 工业建筑的设计要求,包含下列哪些选项?（   ）
   A.符合生产工艺要求   B.满足有关技术要求
   C.满足卫生等要求   D.满足绿色节能要求

4. 下列选项中,属于可再生能源的是(　　)。
   A.核能　　　　B.太阳能　　　　C.风能　　　　D.地热能
5. 下列关于绿色建筑材料的特征描述,说法正确的是(　　)。
   A.节约能源与资源　　　　　　B.少用或不用天然资源
   C.生产过程无排放　　　　　　D.大量使用工业废弃物
6. 节约冷却水往往是工业节水的主要部分,工程中常用的节约冷却水措施包括(　　)。
   A.利用人工冷源　　　　　　　B.利用淡水作为冷却水
   C.采用非水冷却　　　　　　　D.改直接冷却为间接冷却

四、简答题

1. 与民用建筑相比,工业建筑的设计还应考虑哪些因素?
2. 简述工业建筑的特点。
3. 简述工业建筑设计的任务。

§拓展知识

关于工业建筑,国内有一系列规范对其设计细节进行过详细介绍。例如,《电子工业洁净厂房设计规范》GB 50472—2008、《医药工业洁净厂房设计标准》GB 50457—2019、《机械工业厂房结构设计规范》GB 50906—2013、《高水平放射性废液贮存厂房设计规定》GB 11929—2011、《麻纺织工厂设计规范》GB 50499—2009、《毛纺织工厂设计规范》GB 51052—2014、《印染工厂设计规范》GB 50426—2016、《水泥工厂设计规范》GB 50295—2016、《地热电站设计规范》GB 50791—2013、《有色金属工业厂房结构设计规范》GB 51055—2014、《智能建筑设计标准》GB 50314—2015、《工业建筑振动控制设计标准》GB 50190—2020、《绿色工业建筑评价标准》GB/T 50878—2013、《以噪声污染为主的工业企业卫生防护距离标准》GB 18083—2000等。

由于工业建筑具有生产性,其对周边环境会有不同程度的影响,且不同行业、不同工艺使其对周围环境影响的重点防范因素也不尽相同,因此各规范对不同厂房的防护要求的侧重点也不尽相同,但卫生防护则一直是工业建筑最为关注的重点防护内容,如《医用 X 射线诊断受检者放射卫生防护标准》GB

16348—2010等系列规范,就不同类型的工业建筑的卫生防护距离做了明确的规定。此外,还有很多工业建筑分类更为细致的行业规范,也对相应的卫生防护要求有更为详细的描述。

§参考答案

一、填空题

1. 50
2. 绿色建筑

二、单项选择题

1. D
2. A
3. B
4. A
5. C

三、多项选择题

1. ABC
2. ABD
3. ABC
4. BCD
5. ABD
6. ACD

四、简答题

1. 与民用建筑相比,工业建筑的设计还应考虑哪些因素?

(1)厂房应满足生产工艺要求。

(2)厂房内部有较大的通敞空间。

(3)采用大型的承重骨架结构。

(4)结构、构造复杂,技术要求高。

2. 简述工业建筑的特点。

工业建筑是指从事工业生产的各种房屋。它与民用建筑一样,要体现适用、安全、经济、美观的方针;在设计原则、建筑用料和建筑技术等方面,两者也有许多共同之处。但由于生产工艺复杂多样,在设计配合、适用要求、室内采光、屋面排水及建筑构造等方面,工业建筑又具有如下特点:

(1)厂房的建筑设计是在工艺设计人员提出的工艺设计图的基础上进行的,在适应生产工艺要求的前提下,应为工人创造良好的生产环境并使厂房满足适用、安全、经济和美观的要求。

(2)由于厂房中的生产设备多、体量大,各部分生产联系密切,并有多种起重运输设备通行,因此厂房内部应具有较大的通敞空间。

(3)当厂房宽度较大时,特别是多跨度厂房,为满足室内采光、通风的需要,屋顶上往往设有天窗;为了屋面防水、排水的需要,还应设置屋面排水系统。

(4)在单层厂房中,由于跨度较大,屋顶及吊车荷载较大,多采用钢筋混凝土排架结构承重;在多层厂房中,由于楼面荷载较大,广泛采用钢筋混凝土骨架承重。

3. 简述工业建筑设计的任务。

工业建筑设计的任务是根据我国的建筑方针和政策,正确贯彻"坚固适用、经济合理、技术先进"的原则,在满足生产工艺要求的前提下,设计厂房的平面形状、柱网尺寸、剖面形式、建筑体型等,确定合理的结构方案和围护结构类型,选择合适的建筑材料,进行细部构造设计,并协调建筑、结构、水、暖、电、气、通风等各项工作。

第22章 工业建筑选址及环境设计

§学习指引

(1)工业建筑的选址要综合考虑多方面因素的影响,除了要考虑社会经济环境因素(如地区经济发展政策、人才、技术、文化基础等)的影响之外,还要考虑自然因素(如当地地理及环境条件对交通、物流、生产成本等)的影响。因此,厂址选择是一个复杂的优化、优选过程。

(2)本章的课程学习中简要介绍了工业建筑的选址原则,包括厂址选择的基本原则和一般要求,给出了一般工业建筑选址的基本程序。此外,对工业建筑的安全生产做了较为详细的阐述,特别是防火、防爆的相关要求,详细讲解了厂房环境设计中对热环境、光环境的具体考量。

(3)本章学习中,要求掌握工业建筑选址的基本原则,了解选址各阶段的重点工作内容,理解厂房选址方案比选过程的重要意义,建立方案优化意识,掌握生产火灾的危险性类别及耐火等级的分类,了解工业建筑的防火过程中涉及的一些基本概念、厂房防爆泄压计算原理及相关计算、热压和风压设计公式,掌握厂房采光等级分类,熟悉厂房天然采光的方式及各采光方式的特点。

§练习题

一、填空题

1. 供人员安全疏散用的楼梯间和室外楼梯的出入口或直通室内外安全区域的出口被称为_____。

2. 防止着火建筑在一定时间内引燃相邻建筑,便于消防补救的间隔距离被称为_____。

3. 在建筑内部采用防火墙、楼板及其他防火分隔设施分隔而成,能在一定时间内防止火灾向同一建筑的其余部分蔓延的局部空间被称为_____。

4. 室内任一点至最近安全出口的直线距离被定义为_____。

5. 厂房泄压计算中,建筑平面几何外形尺寸中的最长尺寸与其横截面周长的积和 4.0 倍的建筑横截面积之比被定义为_____。

6. 保证室内温湿度恒定而将进入室内的新鲜空气加温/降温、加湿/降湿使之达到预定要求的厂房,被称为_____。

二、单项选择题

1. 厂址应尽量选择起伏较小的场地,地面坡度一般为( )为宜。
   A.2‰　　　　B.3‰　　　　C.4‰　　　　D.5‰

2. 对于建筑荷载较大的工厂,厂址地基承载力不宜低于( )。
   A.80 kPa　　　B.100 kPa　　　C.130 kPa　　　D.150 kPa

3. 厂址不得被洪水、潮水淹没,应高出当地最高洪水位( )以上。
   A.0.3 m　　　B.0.5 m　　　C.0.8 m　　　D.1.0 m

4. 生产的火灾危险性应根据生产中所使用或产生的物质性质及其数量等因素划分,具体可划分为( )。
   A.甲、乙类　　　　　　　　　B.甲、乙、丙类
   C.甲、乙、丙、丁类　　　　　D.甲、乙、丙、丁、戊类

5. 工业建筑厂房或仓库的耐火等级,可以分为( )。
   A.二级　　　B.三级　　　C.四级　　　D.五级

6. 厂房的安全出口应分散布置,每个防火分区的每个楼层,其向 2 个安全出口最近边缘之间的水平距离不应小于( )。
   A.5 m　　　B.6 m　　　C.8 m　　　D.10 m

7. 疏散楼梯的最小净宽度不宜小于( )。
   A.1.0 m　　　B.1.1 m　　　C.1.2 m　　　D.1.3 m

8. 厂房的天然采光方式包括( )。
   A.侧面采光(侧窗)　　　　　B.混合采光(侧窗+天窗)
   C.顶部采光(天窗)　　　　　D.上述选项都正确

9. 厂房单侧采光时,有效进深 B 与侧窗口上沿至地面高度 d 之间的关系为( )。
   A.$B=(1.0\sim1.5)d$　　　　B.$B=(1.5\sim2.0)d$
   C.$B=(2.0\sim2.5)d$　　　　D.$B=(2.5\sim3.0)d$

三、多项选择题

1. 关于厂址选择的基本原则,下列选项中正确的是(　　)。
   A.配套的居住用地可单独选择
   B.厂址选择应节约用地,合理利用农田
   C.尽可能靠近原材料基地
   D.远离自然保护区

2. 下列选项中,不应作为厂址的是(　　)。
   A.有泥石流、滑坡等地质危害的地区
   B.历史文物保护区
   C.基本地震烈度大于8度的地区
   D.自重湿陷性黄土地区

3. 下列选项中,属于厂房选址准备阶段指标估算的是(　　)。
   A.公用动力消耗及性质
   B.收集供电、供水等资料
   C.对环境影响的预评价指标
   D.根据厂运输量及运输方式,完成企业总体规划方案

4. 厂址选择方案的比较过程中,重点对比的因素是(　　)。
   A.交通情况比较　　　　　　B.技术条件比较
   C.建设费用比较　　　　　　D.环境影响比较

5. 根据生产火灾危险性分类,下列选项中属于甲类危险性类别的是(　　)。
   A.闪点小于28 ℃的液体　　　B.爆炸下限小于10%的气体
   C.极易引燃爆的强氧化剂　　D.可燃固体

6. 同一座厂房内有不同火灾危险性生产时,一般按火灾危险性较大部分确定厂房火灾危险性类别,当符合下列哪些条件时,可按火灾危险性较小的部分确定?(　　)
   A.生产过程中使用或产生易燃、可燃物的量较少,不足以构成火灾危险时
   B.丁、戊类厂房内的油漆工段小于20%,且火灾危险性较大部分采取了有效的防火措施
   C.丁、戊类厂房内的油漆工段,当采用封闭喷漆工艺,封闭喷漆空间内

保持负压、油漆工段设置可燃气体探测报警系统,且油漆工段占所在防火分区建筑面积的比例不大于20%

D.火灾危险性较大的生产部分占本防火分区建筑面积的比例小于5%,且发生火灾事故时不足以蔓延至其他部位

7. 下列关于工业建筑耐火等级的说法中,正确的是(　　)。

A.高层厂房,甲、乙类厂房的耐火等级不应低于二级

B.建筑面积不大于 300 m^2 的独立甲、乙类单层厂房可采用三级耐火等级

C.多层丙类厂房的耐火等级不应低于二级

D.储存特殊贵重的机器、仪表等设备的建筑,其耐火等级不应低于二级

8. 下列条件中,符合设置一个厂房安全出口的是(　　)。

A.甲类厂房,每层建筑面积不大于 100 m^2,且同一时间的作业人数不超过 8 人

B.丙类厂房,每层建筑面积不大于 250 m^2,且同一时间的作业人数不超过 20 人

C.戊类厂房,每层建筑面积不大于 400 m^2,且同一时间的作业人数不超过 30 人

D.半地下厂房,每层建筑面积不大于 50 m^2,且同一时间的作业人数不超过 15 人

9. 下列选项中,适用于作为泄压设施的是(　　)。

A.轻质屋面板　　　　　　　B.轻质墙体

C.普通玻璃　　　　　　　　D.易于泄压的门窗

10. 下列关于恒温恒湿厂房建筑设计要求的说法中,正确的是(　　)。

A.应限制外窗的传热系数

B.恒温室宜集中布置,可同层水平集中、分层竖向对齐集中也可混合集中布置

C.厂房体型系数要小,尽量减少外墙长度

D.不同精度要求的恒温室相邻布置时,可将要求低的恒温室布置在要求高的恒温室里面

11. 厂房自然通风时,热压作用的主要影响因素包括(　　)。

A.上下进风口的中心距离　　B.外界风速大小

C.室内外温差　　　　　　　D.厂房布置方向与风向夹角

12. 冷加工车间自然通风设计时,下列哪些措施有利于形成穿堂风?(　　)

A.室内少设和不设隔墙

B.侧墙上开窗,在纵横贯通的通道端部设大门

C.限制厂房宽度并使其长轴垂直夏季主导风向

D.厂房较宽时,可只采用自然通风不必设置机械辅助通风

13. 厂房天然采光设计时,减小窗户对工人产生的不舒适眩光影响的措施包括(　　)。

A.作业区减少或避免直射阳光

B.工作人员的视觉背景不宜为窗口

C.窗户结构的内表面宜采用深色饰面

D.可采用室内外遮挡设施

14. 厂房顶部采光设计时,天窗的形式包括下列选项中的(　　)。

A.高侧窗　　B.矩形天窗　　C.锯齿形天窗　　D.平天窗

15. 厂房内噪声的控制方法包括(　　)。

A.控制噪声源,降低声源噪声　　B.在噪声传播途径上控制噪声

C.对噪声接收者采取保护措施　　D.设置足够的安全防护距离

四、简答题

1. 试计算图 22.1 及图 22.2 所示厂房的泄压面积。

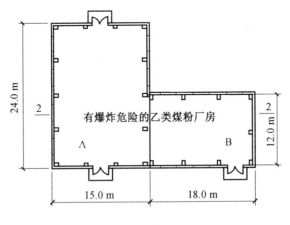

图 22.1　厂房平面图

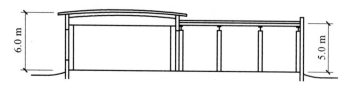

图 22.2　厂房剖面图(2—2 剖面)

§拓展知识

安全生产不仅关系人民群众的生命财产安全,而且关系改革发展和社会稳定大局。做好安全生产工作是统筹经济社会全面发展的重要内容,是实施可持续发展战略的组成部分。安全生产基本原则中的"三同时"原则,要求建设项目中的职业安全、卫生技术和环境保护等措施和设施,必须与主体工程同时设计、同时施工、同时投产使用。因此,在设计工业建筑时,必须关注并加强厂房的防火防爆设计。

《建筑设计防火规范》GB 50016—2014(2018 年版)中,对工业建筑的防火设计以及仓库的层数、面积、防火间距及安全疏散做了较为详细的规定。这里简要介绍其中对仓库防火间距的规定,对于其他要求,读者可以根据需求自行查阅规范。《建筑设计防火规范》GB 50016—2014(2018 年版)中有关仓库防火间距的具体要求如下。

(1)甲类仓库之间及与其他建筑、明火或散发火花地点、铁路、道路等的防火间距不应小于表 22.1 的规定。

表 22.1　甲类仓库之间及与其他建筑、明火或散发火花地点、铁路、道路等的防火间距　m

名　称		甲类仓库(储量)/t			
		甲类储存物品第 3、4 项		甲类储存物品第 1、2、5、6 项	
		≤5	>5	≤10	>10
高层民用建筑、重要公共建筑		50			
裙房、其他民用建筑、明火或散发火花地点		30	40	25	30
甲类仓库		20	20	20	20
厂房和乙、丙、丁、戊类仓库	一、二级	15	20	12	15
	三级	20	25	15	20
	四级	25	30	20	25
电力系统电压为 35~500 kV 且每台变压器容量不小于 10 MV·A 的室外变、配电站,工业企业的变压器总油量大于 5 t 的室外降压变电站		30	40	25	30
厂外铁路线中心线		40			
厂内铁路线中心线		30			
厂外道路路边		20			
厂内道路路边	主要	10			
	次要	5			

注:甲类仓库之间的防火间距,当第 3、4 项物品储量不大于 2 t,第 1、2、5、6 项物品储量不大于 5 t 时,不应小于 12 m。甲类仓库与高层仓库的防火间距不应小于 13 m。

(2)除 GB 50016—2014(2018 年版)另有规定外,乙、丙、丁、戊类仓库之间及与民用建筑的防火间距,不应小于表 22.2 的规定。

表 22.2　乙、丙、丁、戊类仓库之间及与民用建筑的防火间距　　m

名称			乙类仓库		丙类仓库			丁、戊类仓库		
			单、多层	高层	单、多层		高层	单、多层		高层
			一、二级	三级	一、二级	一、二级	三级	四级	一、二级	一、二级	三级	四级	一、二级
乙、丙、丁、戊类仓库	单、多层	一、二级	10	12	13	10	12	14	13	10	12	14	13
		三级	12	14	15	12	14	16	15	12	14	16	15
		四级	14	16	17	14	16	18	17	14	16	18	17
	高层	一、二级	13	15	13	13	15	17	13	13	15	17	13
民用建筑	裙房，单、多层	一、二级	25			10	12	14	13	10	12	14	13
		三级				12	14	16	15	12	14	16	15
		四级				14	16	18	17	14	16	18	17
	高层	一类	50			20	25	25	20	15	18	18	15
		二类				15	20	20	15	13	15	15	13

注：1. 单、多层戊类仓库之间的防火间距，可按本表规定减少 2 m。

2. 两座仓库的相邻外墙均为防火墙时，防火间距可以减小，但丙类仓库，不应小于 6 m；丁、戊类仓库，不应小于 4 m。两座仓库相邻较高一面外墙为防火墙，或相邻两座高度相同的一、二级耐火等级建筑中相邻任一侧外墙为防火墙且屋顶的耐火极限不低于 1.00 h，且总占地面积不大于规范《建筑设计防火规范》GB 50016—2014（2018 年版）第 3.3.2 条一座仓库的最大允许占地面积规定时，其防火间距不限。

3. 除乙类第 6 项物品外的乙类仓库，与民用建筑的防火间距不宜小于 25 m，与重要公共建筑的防火间距不应小于 50 m，与铁路、道路等的防火间距不宜小于《建筑设计防火规范》GB 50016—2014（2018 版）表 3.5.1（即本书表 22.1）中甲类仓库与铁路、道路等的防火间距。

§参考答案

一、填空题

1. 安全出口
2. 防火间距
3. 防火分区
4. 疏散距离
5. 长径比
6. 恒温恒湿厂房

二、单项选择题

1. D
2. D
3. B
4. D
5. C
6. A
7. B
8. D
9. B

三、多项选择题

1. CD
2. ABD
3. ACD
4. BCD
5. ABC
6. CD
7. ABD

8. BCD

9. ABD

10. ABC

11. AC

12. ABC

13. ABD

14. BCD

15. ABC

四、简答题

1. 试计算图 22.1 及图 22.2 所示厂房的泄压面积。

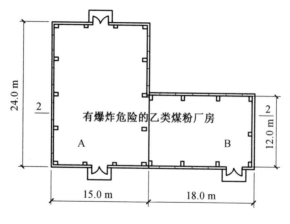

原图 22.1　厂房平面图

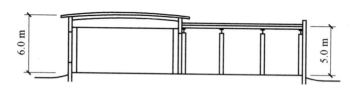

原图 22.2　厂房剖面图（2—2 剖面）

解答：从图 22.1 可知，厂房有 A 和 B 两个分区，按 A 区和 B 区分别计算：

A 区：

跨度 $W=15.0$ m，长度 $L=24.0$ m，平均高度 $H=6.0$ m；根据《建筑设计防火

规范》GB 50016—2014(2018年版)中表3.6.4,取 $C=0.055$ m²/m³。

计算厂房长径比:长径比 $=L\times(W+H)\times2/(4\times W\times H)=24\times(15+6)\times2/(4\times15\times6)=2.8<3$,长径比计算满足要求。

厂房容积 $V=24\times15\times6=2\,160$ (m³),根据《建筑设计防火规范》GB 50016—2014(2018年版)第3.6.4条计算泄压面积 $A=10CV^{2/3}=10\times0.055\times2\,160^{2/3}=91.85$ (m²)。

B 区:

跨度 $W=12.0$ m,长度 $L=18.0$ m,平均高度 $H=5.0$ m;根据《建筑设计防火规范》GB 50016—2014(2018年版)中表3.6.4,取 $C=0.055$ m²/m³。

计算厂房长径比:长径比 $=L\times[(W+H)\times2]/(4\times W\times H)=18\times(12+5)\times2/(4\times12\times5)=2.55<3$,长径比计算满足要求。

厂房容积 $V=18\times12\times5=1\,080$ (m³),根据《建筑设计防火规范》GB 50016—2014(2018年版)第3.6.4条计算泄压面积 $A=10CV^{2/3}=10\times0.055\times1\,080^{2/3}=57.90$ (m²)。

答:厂房 A 区需要泄压面积91.85 m²,厂房 B 区需要泄压面积57.90 m²。

第 23 章　单层工业建筑设计

§学习指引

（1）工业建筑的结构形式种类比较多，工业厂房一般以单层和多层进行区分，其中，单层工业厂房在工业建筑中的应用最为广泛。例如，涉及重工业生产的炼钢、铸造、金工等行业，以及机械设备质量较大的轻工业纺织等，大多数是采用单层厂房。

（2）本章的课程学习中介绍了单层工业建筑的结构类型及其构件组成，重点介绍了厂房常用的骨架结构形式，还对单层工业建筑的平面设计、立面设计及剖面设计做了较为详细的介绍，此外就厂房的定位轴线设计及立面造型和内部空间处理时的注意事项做了简要说明。

（3）学习本章时，主要还是以拓展视野为主。要求了解单层工业建筑的结构类型及特点，平、立、剖面设计的基本原则，山墙与定位轴线的关系以及厂房内部空间的分割与利用。建议以网上查找资料的形式，通过典型案例来多方位了解单层工业建筑的设计。

§练习题

一、填空题

1. 洁净厂房应布置在厂区内环境清洁、人物流交叉少的地方，并位于最大频率风向的上风侧，距市政主干道不宜小于_____m。

2. 厂区布置必须考虑保护环境和搞好厂区的绿化与美化，厂区绿化设计面积一般不应低于厂区总面积的_____。

3. 承重结构柱子在工业建筑平面上排列时所形成的网格被称为_____。

二、单项选择题

1. 下列单层工业建筑布局结构模式中,适用于分区明确、重点突出、位于城市边缘、规模较小的工业园区的是(　　)。
   A.平行式布局　　　　　　　　B.环状式布局
   C.组团式布局　　　　　　　　D.混合式布局

2. 下列生产工艺流程中,适用于对保温要求不高或生产工艺流程无法改变的工业建筑的是(　　)。
   A.直线式　　B.直线往复式　　C.垂直式　　D.垂直往复式

3. 关于单层工业建筑的高度,下列选项中正确的是(　　)。
   A.由室内地坪到屋顶承重结构最高点的距离
   B.由室内地坪到屋顶承重结构最低点的距离
   C.由室外地坪到屋顶承重结构最高点的距离
   D.由室外地坪到屋顶承重结构最低点的距离

4. 单层工业建筑柱顶标高是按最大生产设备高度及安装检修所需的净空高度来确定的,无起重机工业建筑的柱顶标高一般不得低于(　　)。
   A.3.0 m　　B.3.3 m　　C.3.6 m　　D.3.9 m

5. 为了保证横向变形缝处双柱之间留有足够缝宽,应设置两套厂房定位轴线,且缝两侧柱截面中心均应自定位轴线向两侧内移一定距离,该尺寸为(　　)。
   A.500 mm　　B.600 mm　　C.700 mm　　D.800 mm

三、多项选择题

1. 下列关于钢结构厂房的说法中,正确的是(　　)。
   A.自重轻,抗震性能良好,施工速度快
   B.主要用于跨度巨大、空间高、起重荷载重的工业建筑
   C.耐久性能好,防火性能好
   D.钢结构厂房易锈蚀,保护和维修费用较高

2. 骨架结构工业建筑由下列哪些选项组成?(　　)
   A.支承系统　　B.横向排架　　C.纵向排架　　D.维护系统

3. 为了保证工业建筑骨架的整体刚度,还需要在工业建筑屋架之间和柱

间设置支承系统,该系统包括( )。

  A.窗间支承 B.屋盖支承 C.柱间支承 D.系杆

4. 下列关于单层工业建筑总平面图布置原则的说法中,正确的是( )。

  A.布置各种建筑物的相对位置时,必须考虑建厂地区的主导风向,应将生产区布置在生活区的上风向

  B.要根据工艺流程的要求和特点,合理安排各种建筑物和构筑物的位置,以满足它们之间的联系和要求

  C.在确定各车间的相对位置时,应使货流和人流路线短捷,避免或尽量减少人流与货流交叉

  D.应当综合考虑远近期的发展规划要求,本着节约用地的原则,为以后工厂发展和扩建预留用地

5. 现代工业园区规划布局结构模式按照产业特征、地形地貌、园区规模及企业要求等,各工程组成的布局结构也不尽相同,主要的布局形式包括( )。

  A.平行式布局 B.环状式布局 C.组团式布局 D.混合式布局

6. 扩大柱网可以改善工业建筑的灵活性与通用性,提高厂房的可持续性使用。扩大柱网的优点主要表现为( )。

  A.可以有效提高工业建筑面积的利用率

  B.有利于大型设备的布置及产品运输

  C.有利于提高起重机的起吊重量

  D.能减少建筑结构构件的数量,并能加快建设速度

7. 单层工业建筑中的压型钢板缓长坡屋面,其特点包括( )。

  A.构造简单   B.维修和投资费用较低

  C.耐久性好   D.排水立管多

8. 单层工业建筑立面设计时,根据建筑构图规律对立面进行有机划分,常采用的划分方法包括( )。

  A.跃层划分 B.垂直划分 C.水平划分 D.混合划分

9. 现代工业建筑中,下列选项中由结构体系直接形成内部空间的是( )。

  A.跨间式 B.分层式 C.方形柱网式 D.大厅式

四、简答题

1. 单层厂房平面设计应满足哪些要求?
2. 什么是柱网?扩大柱网有何优越性?
3. 简述不同颜色在工业建筑上的应用范围。

§拓展知识

单层工业厂房是指层数为一层的厂房,它主要用于重型机械制造、冶金等重工业。这类厂房的特点是生产设备体积大、质量大,厂房内以水平运输为主。单层工业厂房如图 23.1 所示。

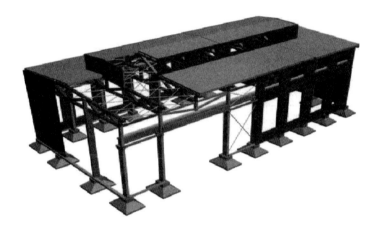

图 23.1 单层工业厂房

在设计单层工业厂房建筑时,要根据生产工艺来考虑工程的设计和结构方案。单层工业厂房的骨架承重体系按材料进行分类,可以分为砌体结构、钢筋混凝土结构以及钢结构。而如果按照受力体系分类,单层工业厂房最常用的结构体系为排架结构和刚架结构。其中,排架结构的基本特点是屋架(或屋面梁)与柱子的连接方式为铰接连接,而柱子与基础之间的连接为刚性连接,如图 23.2 所示。而刚架结构是将屋架(或屋面梁)与柱合并为一个构件,柱子与屋架(或屋面梁)的连接处为刚性连接,而柱子与基础的连接一般做成铰接连接,如图 23.3 所示的装配式钢筋混凝土钢架结构简图。

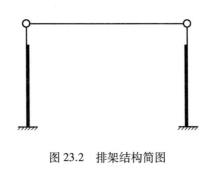

图 23.2 排架结构简图

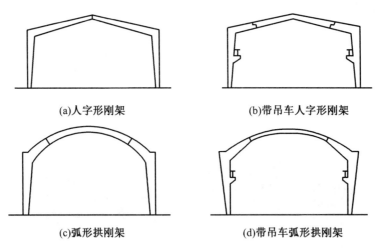

图 23.3 装配式钢筋混凝土刚架结构简图

关于单层工业厂房的规范条文也比较多,如《建筑抗震设计规范》GB 50011—2010(2016 年版)、《厂房建筑模数协调标准》GB/T 50006—2010、《机械工业厂房结构设计规范》GB 50906—2013、《有色金属工业厂房结构设计规范》GB 51055—2014 等。以《建筑抗震设计规范》GB 50011—2010(2016 年版)为例,对其中关于单层工业厂房的抗震设计计算要点介绍如下:

单层厂房按《建筑抗震设计规范》GB 50011—2010(2016 年版)的规定采取抗震构造措施并符合下列条件之一时,可不进行横向和纵向抗震验算:

(1)7 度Ⅰ、Ⅱ类场地,柱高不超过 10 m 且结构单元两端均有山墙的单跨和等高多跨厂房(锯齿形厂房除外)。

(2)7 度时和 8 度(0.20g)Ⅰ、Ⅱ类场地的露天吊车栈桥。

第 5 篇　工业建筑设计

§参考答案

一、填空题

1. 50
2. 10%
3. 柱网

二、单项选择题

1. B
2. A
3. B
4. D
5. B

三、多项选择题

1. ABD
2. ABC
3. BCD
4. BCD
5. ABCD
6. ABD
7. ABC
8. BCD
9. ACD

四、简答题

1. 单层厂房平面设计应满足哪些要求？

要满足生产工艺的要求,建筑设计人员在平面设计中应使厂房平面形式规整、合理、简单,以便减少占地面积,节能和简化构造处理;厂房的建筑参数应符合《厂房建筑模数协调标准》GB/T 50006—2010,使构件的生产满足工业化生产的要求;选择技术先进和经济合理的柱网使厂房具有较好的通用性;正确地解决厂房的采光和通风,合理地布置有害工段及生活用室;妥善处理安全疏散及防火。

2. 什么是柱网?扩大柱网有何优越性?

柱网是承重结构柱子在工业建筑平面上排列时所形成的网格。扩大柱网的优越性主要表现在以下几个方面:

(1)可以提高厂房面积的利用率。

(2)有利于大型设备的布置和重型产品的运输。

(3)能提高厂房的通用性,适应生产工艺变更及生产设备更新的要求。采用较大的柱网,是厂房通用性好的标志之一。

(4)能减少构件数量,加快建设速度。

(5)有利于减少柱基础土石方工程量。

3. 简述不同颜色在工业建筑上的应用范围。

①红色:禁止、停止、高度危险标志,如禁止通行的通道和门、防火消防设备、高压电的室内电裸线、电器开关起动机件、防火墙上的分隔门等。

②橙色:危险标志,提醒人们提高注意力,如航空保全措施,以及机械安全盖内侧、露出齿轮侧面等。

③黄色:提醒、警告标志,提醒人们注意周围环境以避开可能发生的危险,如路障、地面凸起物、存放有害物质的容器等。

④绿色:提示标志,为人们提供许可、安全的信息,如紧急出口标志、急救箱、进行中信号旗等。

⑤蓝色:指令标志,要求人们遵守规定或采取防范措施,如有关标示修理中,以及停机部位、开关箱外侧等。

⑥白色:界线标志,用于地面分界,如区域线、方向线等。

第24章 多层工业建筑设计

§学习指引

(1)工业建筑是工业建设必不可少的物质基础。从事工业生产的以及为生产服务的房屋一般被称为"厂房"或"车间",这些房屋均属工业建筑的范畴。工业建筑物既为生产服务,也要满足广大工人的生活要求。随着科学技术及生产力的发展,工业建筑的类型越来越多,工业生产工艺对工业建筑提出的一些技术要求更加复杂,此外工业用地也越发紧张,因此多层工业建筑是工业建筑发展的必然方向。

(2)多层厂房多应用于电子、食品、化学、精密仪器等轻工业。这类厂房的特点是生产设备较轻、体积较小,大型机床一般放在底层,小型设备一般放在其他楼层上,厂房内部的垂直运输以电梯为主,水平运输以电瓶车、叉车为主。多层厂房占地小,节约用地面积,建筑外形多变,在厂房面积相同的情况下,多层厂房的经济效益也更高。

(3)本章学习中,多数内容仍以了解为主,如多层工业建筑的特点、常用的结构形式、平面和立面布置方式等。

§练习题

一、填空题

1. 原料自底层按生产流程逐层向上加工,最后在顶层加工成成品,这种生产工艺流程类型被称为_____。

2. 多层厂房平面布置形式中,将各工段按生产工艺流程的要求布置在各自的房间内,再用内廊(内走道)进行联系的布置方式是_____。

二、单项选择题

1. 目前我国常用的多层工业厂房结构体系,一般不包含下列哪个选项?（ ）

   A. 钢框架结构

   B. 现浇混凝土框架结构

   C. 现浇钢筋混凝土框架-板柱结构

   D. 钢框架-支撑结构

2. 生产工艺之间需要相互紧密联系,不宜分隔成小间布置,此时其平面布置形式宜选用下列哪种形式?（ ）

   A. 内廊式　　B. 统间式　　C. 大宽间式　　D. 混合式

3. 生产上所需要的各种管道对多层厂房的层高影响较大。下列关于管道布置的说法中,不正确的是(　　)。

   A. 干管可以统一布置在结构顶层

   B. 干管可以统一布置在结构底层

   C. 管道可以集中布置在各层的走廊下部

   D. 管道可以布置在各层的吊顶层

三、多项选择题

1. 下列关于多层工业建筑主要特点的说法中,正确的是(　　)。

   A. 占地面积小,缩短了厂区道路、管线、围墙等长度,减小了基础、屋顶的工程量

   B. 厂房进深较小,顶层空间必须设置天窗

   C. 通用性较强,适应工艺更新、产品升级、设备更新、生产性重组等

   D. 多层厂房同时有水平方向和垂直方向的运输系统,因此厂房交通运输面积大

2. 下列关于多层工业建筑使用范围的说法中,正确的是(　　)。

   A. 生产设备、原料及产品质量较轻的厂房

   B. 生产工艺在不同层高上操作的厂房,如化工厂的大型蒸馏塔、碳化设备等

   C. 工艺流程适于水平布置的生产厂房

D.对生产环境有特殊要求的厂房,如恒温恒湿、无尘无菌等厂房

3. 多层工业建筑的生产工艺流程可以归纳为三类,分别是( )。

A.自上而下 B.自下而上

C.上下往复式 D.上下循环式

4. 多层工业建筑的柱网布置形式可以分为( )。

A.内廊式柱网 B.大跨度柱网

C.等跨式柱网 D.对称不等跨柱网

5. 多层工业建筑层高的确定,要考虑下列因素中的( )。

A.城市规划 B.管道布置

C.采光通风 D.生产、运输设备

6. 下列关于多层工业建筑楼梯、电梯布置原则的说法中,正确的是( )。

A.疏散楼梯应布置在明显、易找的位置,其数量及布置应满足有关防火安全疏散的要求

B.电梯间附近应设置楼梯或辅助楼梯,以便在电梯故障或检修时能保证运输

C.电梯数量应满足生产工艺及货物运输要求,尽量减少垂直运输距离

D.货梯布置应方便货运,布置在原材料进口和成品出口处

§拓展知识

钢结构具有质量轻、强度高、施工方便、可拆卸回收等优点,目前,在工业建筑里应用较为广泛,与其相关的规范条文也比较多,如《厂房建筑模数协调标准》GB/T 50006—2010、《有色金属工业厂房结构设计规范》GB 51055—2014、《机械工业厂房结构设计规范》GB 50906—2013、《建筑设计防火规范》GB 50016—2014(2018年版)、《建筑抗震设计规范》GB 50011—2010(2016年版)等。

多层钢结构厂房的布置,除应符合《建筑抗震设计规范》GB 50011—2010 (2016年版)第8章中多层和高层钢结构房屋的有关要求外,尚应符合下列规定:

(1)平面形状复杂、各部分构架高度差异大或楼层荷载相差悬殊时,应设

防震缝或采取其他措施。当设置防震缝时,缝宽不应小于相应混凝土结构房屋的1.5倍。

(2)重型设备宜低位布置。

(3)当设备重量直接由基础承受,且设备竖向需要穿过楼层时,厂房楼层应与设备分开。设备与楼层之间的缝宽,不得小于防震缝的宽度。

(4)楼层上的设备不应跨越防震缝布置;当运输机、管线等长条设备必须穿越防震缝布置时,设备应具有适应地震时结构变形的能力或防止断裂的措施。

(5)厂房内的工作平台结构与厂房框架结构宜采用防震缝脱开布置。当与厂房结构连接成整体时,平台结构的标高宜与厂房框架的相应楼层标高一致。

多层钢结构厂房的支撑布置,应符合下列要求:

(1)柱间支撑宜布置在荷载较大的柱间,且在同一柱间上下贯通;当条件限制必须错开布置时,应在紧邻柱间连续布置,并宜适当增加相近楼层或屋面的水平支撑或柱间支撑搭接一层,确保支撑承担的水平地震作用可靠传递至基础。

(2)有抽柱的结构,应适当增加相近楼层、屋面的水平支撑,并在相邻柱间设置竖向支撑。

(3)当各榀框架侧向刚度相差较大、柱间支撑布置又不规则时,采用钢铺板的楼盖,应设置楼盖水平支撑。

(4)各柱列的纵向刚度宜相等或接近。

§参考答案

一、填空题

1. 自下而上式
2. 内廊式

二、单项选择题

1. C
2. B

3. C

三、多项选择题

1. ACD

2. ABD

3. ABC

4. ABCD

5. BCD

6. ABD

第6篇　工业建筑构造

第25章　单层工业建筑构造

§学习指引

（1）工业建筑内部空间大、屋顶面积大、振动荷载大等特点，使其构造设计相比一般民用建筑而言更为复杂，因此对工业建筑的构造设计需要给予特别关注。

（2）单层工业建筑的构造细节包含的内容十分丰富，本章仅涉及一般单层工业建筑的外墙、大门、侧窗和地面，其余的单层、多层厂房通用的构造设计在后面章节中会陆续介绍。

（3）本章学习中，会遇到一定数量的构造详图，均为实际工程中较为常用的做法图例，学习时要有意识地培养自己的识图能力。本章内容整体仍以专业知识拓展延伸为主，重点了解单层厂房的墙体、屋面及地面的构造。

§练习题

一、填空题

1. 单层工业厂房中，只承担自身重量、仅起围护作用的墙体被称为_____。

二、单项选择题

1. 关于单层工业厂房中的自承重墙与基础梁的连接方式,下列说法中正确的是( )。
   A. 自承重墙与基础梁整体浇筑
   B. 自承重墙直接搁置在基础梁上
   C. 自承重墙通过楼板与基础梁连接
   D. 自承重墙通过基础顶板与基础梁连接

2. 单层工业厂房中有酸性介质作用时,适宜的面层是( )。
   A. 矿渣面层
   B. 碎石面层
   C. 聚氯乙烯塑料面层
   D. 石油沥青混凝土面层

三、多项选择题

1. 下列关于单层厂房山墙抗风柱的说法中,正确的是( )。
   A. 抗风柱可提高自承重墙的刚度和稳定性
   B. 抗风柱间距一般以 6 m 为宜,个别可采用 4.5 m 和 7.5 m
   C. 抗风柱下端插入基础杯口,其上端通过特制的"弹簧"钢板与屋架上弦节点相连
   D. 抗风柱不仅传递水平荷载,同时还传递竖向荷载

2. 根据基础埋深的不同,自承重墙下基础梁与基础的位置关系主要包括( )。
   A. 基础梁设置在顶板上
   B. 基础梁设置在牛腿上
   C. 基础梁设置在垫块上
   D. 基础梁设置在杯口上

3. 关于单层厂房连系梁,下列选项中正确的是( )。
   A. 连系梁是连系排架柱并增强厂房纵向刚度的重要措施
   B. 连系梁不能够承担上部墙体的荷载
   C. 连系梁跨度与柱距相同,支承在排架柱牛腿上
   D. 若连系梁的位置与门窗过梁一致,并在同一水平面上能交圈封闭,此时连系梁可兼作过梁和圈梁

4. 关于单层厂房板柱柔性连接节点,下列选项中正确的是( )。
   A. 墙板与厂房骨架以及板与板之间在一定范围内可相对独立位移

B.螺栓挂钩及角钢挂钩都属于柔性连接

C.设防烈度高于7度的地震区不宜采用此种连接

D.柔性连接能较好地适应振动引起的变形

5. 关于单层厂房板柱刚性连接节点,下列选项中正确的是(　　)。

A.墙板与厂房骨架以及板与板之间在一定范围内可相对独立位移

B.每块板材与柱子用型钢焊接在一起,无须另设钢支托

C.刚性连接的连接件少,同时支持相对位移

D.刚性连接主要用于地基条件好、振动影响小、抗震设防烈度小于7度的地区

§拓展知识

单层厂房有墙体承重与骨架承重两种结构类型。一般只有当厂房的跨度、高度及吊车荷载较小时可采用墙体承重结构,而当厂房的跨度、高度及吊车荷载较大时,多采用骨架承重结构。无论哪一种结构形式,均涉及较多的构造细节。单层工业厂房的组成如图25.1所示。

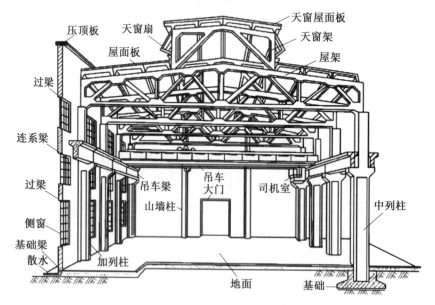

图 25.1 单层工业厂房的组成

《建筑抗震设计规范》GB 50011—2014(2016年版)中,对单层工业厂房的

构造要求较为细致,节选内容如下:

(1)单层钢筋混凝土柱厂房。

装配式单层钢筋混凝土柱厂房,其结构布置应符合下列要求:

①多跨厂房宜等高和等长,高低跨厂房不宜采用一端开口的结构布置。

②厂房的贴建房屋和构筑物,不宜布置在厂房角部和紧邻防震缝处。

③厂房体型复杂或有贴建的房屋和构筑物时,宜设防震缝;在厂房纵横跨交接处、大柱网厂房或不设柱间支撑的厂房,防震缝宽度可采用100~150 mm,其他情况可采用50~90 mm。

④两个主厂房之间的过渡跨至少应有一侧采用防震缝与主厂房脱开。

⑤厂房内上起重机的铁梯不应靠近防震缝设置;多跨厂房各跨上起重机的铁梯不宜设置在同一横向轴线附近。

⑥厂房内的工作平台、刚性工作间宜与厂房主体结构脱开。

⑦厂房的同一结构单元内,不应采用不同的结构形式;厂房端部应设屋架,不应采用山墙承重;厂房单元内不应采用横墙和排架混合承重。

⑧厂房柱距宜相等,各柱列的侧移刚度宜均匀,当有抽柱时,应采取抗震加强措施。

【注】钢筋混凝土框排架厂房的抗震设计,应符合规范《建筑抗震设计规范》GB 50011—2010(2016年版)附录H第H.1节的规定。

厂房屋架的设置,应符合下列要求:

①厂房宜采用钢屋架或重心较低的预应力混凝土、钢筋混凝土屋架。

②跨度不大于15 m时,可采用钢筋混凝土屋面梁。

③跨度大于24 m,或8度Ⅲ、Ⅳ类场地和9度时,应优先采用钢屋架。

④柱距为12 m时,可采用预应力混凝土托架(梁);当采用钢屋架时,亦可采用钢托架(梁)。

⑤有突出屋面天窗架的屋盖不宜采用预应力混凝土或钢筋混凝土空腹屋架。

⑥8度(0.30g)和9度时,跨度大于24 m的厂房不宜采用大型屋面板。

厂房柱的设置,应符合下列要求:

①8度和9度时,宜采用矩形、工字形截面柱或斜腹杆双肢柱,不宜采用薄壁工字形柱、腹板开孔工字形柱、预制腹板的工字形柱和管柱。

②柱底至室内地坪以上500 mm范围内和阶形柱的上柱宜采用矩形截面。

(2)单层钢结构厂房。

厂房的结构体系应符合下列要求:

①厂房的横向抗侧力体系,可采用刚接框架、铰接框架、门式刚架或其他结构体系。厂房的纵向抗侧力体系,8、9度应采用柱间支撑;6、7度宜采用柱间支撑,也可采用刚接框架。

②厂房内设有桥式起重机时,起重机梁系统的构件与厂房框架柱的连接应能可靠地传递纵向水平地震作用。

③屋盖应设置完整的屋盖支撑系统。屋盖横梁与柱顶铰接时,宜采用螺栓连接。

(3)单层砖柱厂房。

该部分所列条文适用于 6~8 度(0.20 g)的烧结普通砖(黏土砖、页岩砖)、混凝土普通砖砌筑的砖柱(墙垛)承重的下列中小型单层工业厂房:

①单跨和等高多跨且无桥式起重机。

②跨度不大于 15 m 且柱顶标高不大于 6.6 m。

厂房的结构布置应符合下列要求,并宜符合规范《建筑抗震设计规范》GB 50011—2010(2016 年版)第 9.1.1 条的有关规定:

①厂房两端均应设置砖承重山墙。

②与柱等高并相连的纵横内隔墙宜采用砖抗震墙。

③防震缝设置应符合下列规定:

a.轻型屋盖厂房,可不设防震缝。

b.钢筋混凝土屋盖厂房与贴建的建(构)筑物间宜设防震缝,防震缝的宽度可采用 50~70 mm,防震缝处应设置双柱或双墙。

④天窗不应通至厂房单元的端开间,天窗不应采用端砖壁承重。

【注】本章轻型屋盖指木屋盖和轻钢屋架、压型钢板、瓦楞铁等屋面的屋盖。

厂房的结构体系,尚应符合下列要求:

①厂房屋盖宜采用轻型屋盖。

②6 度和 7 度时,可采用十字形截面的无筋砖柱;8 度时不应采用无筋砖柱。

③厂房纵向的独立砖柱柱列,可在柱间设置与柱等高的抗震墙承受纵向地震作用;不设置抗震墙的独立砖柱柱顶,应设通长水平压杆。

④纵、横向内隔墙宜采用抗震墙,非承重横隔墙和非整体砌筑且不到顶的纵向隔墙宜采用轻质墙;当采用非轻质墙时,应计及隔墙对柱及其与屋架(屋面梁)连接节点的附加地震剪力。独立的纵向和横向内隔墙应采取措施保证其平面外的稳定性,且顶部应设置现浇钢筋混凝土压顶梁。

§参考答案

一、填空题

1. 自承重墙

二、单项选择题

1. B
2. C

三、多项选择题

1. ABC
2. BCD
3. ACD
4. ABD
5. ABD

第 26 章 单层工业建筑天窗构造设计

§学习指引

（1）工业建筑中的天窗主要用于天然采光、通风排烟等，在单层厂房中应用非常广泛。根据天窗的主要功能可将天窗区分为采光天窗和通风天窗。常见的天窗形式有矩形天窗、平天窗以及下沉式天窗等。

（2）本章学习的重点是各类型天窗的优缺点及适用范围，构造详图了解学习即可。

§练习题

一、填空题

1. 单层工业厂房屋盖设计成锯齿形，并在其垂直面或稍微倾斜面设置的采光窗被称为_____。

二、单项选择题

1. 单层厂房平天窗的分类不包含（　　）。
 A.采光罩　　B.采光板　　C.采光带　　D.采光井

三、多项选择题

1. 关于单层厂房矩形天窗，下列选项中正确的是（　　）。
 A.矩形天窗采光好，光线均匀，防雨性好
 B.矩形天窗的窗扇可开启兼作通风窗
 C.矩形天窗在热加工车间应用广泛
 D.矩形天窗构件类型多，造价高，抗震性能差

2. 关于矩形天窗的天窗扇，下列选项中正确的是（　　）。

A.根据开启方式不同,天窗扇分为上悬式天窗扇和中悬式天窗扇

B.上悬式天窗扇的防雨性能较好

C.上悬式天窗扇的开启角度一般可达到60°~80°

D.中悬式天窗扇的开启角度一般不能大于45°

3. 常用钢结构通风天窗的形式,包含下列选项中的(　　)。

A.弧线形通风天窗　　　　B.折线形通风天窗

C.薄型通风天窗　　　　　D.通风帽

4. 常用下沉式天窗的形式,包含下列选项中的(　　)。

A.井式天窗　　　　　　　B.纵向下沉式天窗

C.横向下沉式天窗　　　　D.旋转下沉式天窗

§ 拓展知识

《建筑抗震设计规范》GB 50011—2010(2016年版)中规定,厂房天窗架的设置,应符合下列要求:

(1)天窗宜采用突出屋面较小的避风型天窗,有条件或9度时宜采用下沉式天窗。

(2)突出屋面的天窗宜采用钢天窗架;6~8度时,可采用矩形截面杆件的钢筋混凝土天窗架。

(3)天窗架不宜从厂房结构单元第一开间开始设置;8度和9度时,天窗架宜从厂房单元端部第三柱间开始设置。

(4)天窗屋盖、端壁板和侧板,宜采用轻型板材;不应采用端壁板代替端天窗架。

§ 参考答案

一、填空题

1. 锯齿形天窗

二、单项选择题

1. D

三、多项选择题

1. ABD
2. AB
3. ABCD
4. ABC

第27章　工业建筑的特殊构造

§学习指引

本章所指工业建筑的特殊构造,主要涉及厂房中的金属梯与走道板,厂房的防火、防震、防噪以及防腐设计。本章内容仍以了解为主,同时要拓展对工业建筑设计细节的了解。

§练习题

一、填空题

1. 目前,钢结构防火保护使用最广泛的方法是_____。
2. 在厂房振源附近采用隔振或消振措施,使振源发出的振动能量就地削弱或消失的防振措施属于_____(积极防振/消极防振)。

二、单项选择题

1. 精密仪器、设备的厂房容许振动值是指(　　)。
   A.振动速度　　B.振动加速度　　C.振动位移　　D.A 和 C

三、多项选择题

1. 钢制吊车梯的设置情况包含下列选项中的(　　)。
   A.钢吊车梯位于厂房边柱
   B.钢吊车梯位于厂房中柱,柱一侧有平台
   C.钢吊车梯位于厂房中柱,柱两侧有平台
   D.钢吊车梯位于厂房角柱
2. 混凝土作为钢结构的防火保护材料,主要原因在于(　　)。
   A.混凝土可延缓金属构件的升温

B.混凝土可承受与其面积和刚度成比例的一部分荷载

C.混凝土与钢结构很容易结合

D.决定混凝土防火能力的因素是其厚度

3. 下列关于钢结构防火喷涂法的说法中,正确的选项是(　　)。

A.喷涂厚度越厚防火效果越好

B.喷涂法价格低,适用于形状复杂的钢构件

C.喷涂法养护困难,涂层厚度较难控制

D.喷涂法施工快,并可形成装饰层

4. 下列关于钢结构防火粘贴法的说法中,正确的选项是(　　)。

A.粘贴法的材质、厚度等容易掌握

B.粘贴法成型板材耐撞击

C.粘贴法对周围无污染,容易修复

D.粘贴法成型板材易受潮吸水,降低胶黏剂的黏结强度

5. 在噪声传播途径上控制噪声,可采取的措施包括(　　)。

A.利用屏障阻止噪声传播

B.设置隔声罩

C.利用声源指向性控制噪声

D.降低声源噪声

6. 下列关于基础腐蚀的说法中,正确的选项是(　　)。

A.杂散电流漏入地下引起对金属的电化学腐蚀

B.生产中侵蚀性液体沿地面渗入地下的污染

C.工业污水管或检查井中酸性污水的渗漏

D.酸性介质渗入土壤造成地下水及土壤的酸化

7. 设备基础材料的选择应符合下列规定中的(　　)。

A.设备基础应采用素混凝土、钢筋混凝土、毛石混凝土或砖基础

B.素混凝土、毛石混凝土的强度等级不应低于 C25

C.钢筋混凝土的混凝土强度等级需符合设计规范的要求

D.砖基础的砂浆强度等级不低于 MU10

§ 拓展知识

《工业建筑振动控制设计标准》GB 50190—2020 对单层工业建筑整体水平振动控制及屋盖竖向振动控制设计、多层工业建筑整体水平振动控制以及楼盖竖向振动控制设计的规定均有说明,具体条文如下。

(1)当单层工业建筑屋盖设置动力设备时,应验算屋盖水平向及竖向振动荷载作用下的振动响应;当屋盖竖向振动速度超过 20 mm/s 时,应进行屋盖在振动荷载作用下的承载力和疲劳验算。

(2)多层工业建筑的振动控制设计宜按下列程序进行:

①确定振动荷载值和容许振动标准。

②设定楼盖结构竖向自振频率目标值,当楼层上设置低频动力设备时,设定结构整体水平自振频率目标值。

③确定抗侧力结构体系,当楼层上设置低频动力设备时,进行结构水平自振频率计算,直至满足设定目标;计算结构水平振动响应,并满足容许振动标准的要求。

④确定楼盖体系,进行楼盖截面设计并计算楼盖竖向自振频率,直至满足设定目标;计算楼盖的竖向振动响应,并满足容许振动标准的要求。

《工业企业噪声控制设计规范》GB/T 50087—2013 中对工业企业内各类工作场所噪声限值有明确规定,见表 27.1。

表 27.1 各类工作场所噪声限值

工作场所	噪声限值/dB(A)
生产车间	85
车间内值班室、观察室、休息室、办公室、实验室、设计室室内背景噪声级	70
正常工作状态下精密装配线、精密加工车间、计算机房	70
主控室、集中控制室、通信室、电话总机室、消防值班室、一般办公室、会议室、设计室、实验室室内背景噪声级	60
医务室、教室、值班宿舍室内背景噪声级	55

注:1.生产车间噪声限值为每周工作 5 d,每天工作 8 h 等效声级;对于每周工作 5 d,每天工作时间不是 8 h,需计算 8 h 等效声级;对于每周工作日不是 5 d,需计算 40 h 等效声级。

2.室内背景噪声指室外传入室内的噪声级。

在同济大学、西安建筑科技大学、东南大学、重庆大学四校合编的《房屋建筑学》第5版中,表6-3-5-1的部分内容与最新版规范略有不同,参考时要特别注意。

依据规范《工业建筑防腐设计规范》GB/T 50046—2018中的相关规定,常温下,气态介质对建筑材料的腐蚀性等级可根据介质浓度和环境湿度按表27.2确定。

表27.2 气态介质对建筑材料的腐蚀性等级(节选)

介质类别	介质名称	腐蚀介质浓度/(mg·m⁻³)	环境相对湿度/%	钢筋混凝土、预应力混凝土中的钢筋	水泥砂浆、素混凝土	钢材	烧结砖砌体	木	铝
Q1	氯	1.0~5.0	>75	强	强	强	弱	弱	强
			60~75	中	弱	中	弱	微	中
			<60	弱	微	中	微	微	中
Q2		0.1~1.0	>75	中	微	中	微	微	中
			60~75	弱	微	中	微	微	中
			<60	微	微	弱	微	微	弱

与旧版 GB 50046—2008 相比,GB/T 50046—2018 还包含了混凝土结构耐久性年限的技术内容和规定,乙烯基酯树脂砂浆整体面层和树脂混凝土整体储槽的技术规定等内容。关于防护层设计使用年限的相关规定,具体条文如下:

(1)防护层设计使用年限应根据腐蚀性等级、工作环境和维修养护条件综合确定。

(2)防护层的设计使用年限可分为低使用年限、中使用年限、长使用年限和超长使用年限。

(3)防护层的设计使用年限应符合下列规定:

①低使用年限,使用年限应为2~5年。

②中使用年限,使用年限应为6~10年。

③长使用年限,使用年限应为11~15年。

④超长使用年限,使用年限应为15年以上。

§参考答案

一、填空题

1. 喷涂法
2. 积极防振

二、单项选择题

1. D

三、多项选择题

1. ABC
2. ABD
3. BCD
4. ACD
5. ABC
6. ABCD
7. BC

参 考 文 献

[1] 同济大学,西安建筑科技大学,东南大学,等.房屋建筑学[M].5版.北京:中国建筑工业出版社,2016.

[2] 陈燕菲.房屋建筑学[M].北京:化学工业出版社,2011.

[3] 中国建筑工业出版社,中国建筑学会.建筑设计资料集:全8册[G].3版.北京:中国建筑工业出版社,2017.

[4] 王雪松,李必瑜.房屋建筑学[M].6版.武汉:武汉理工大学出版社,2021.

[5] 董千.房屋建筑学学习辅导与习题精解[M].北京:中国建筑工业出版社,2006.

[6] 伍孝波.建筑设计常用规范速查手册[M].4版.北京:化学工业出版社,2019.

[7] 孟聪龄.建筑设计规范应用[M].2版.北京:中国建筑工业出版社,2019.

[8] 聂洪达.房屋建筑学[M].3版.北京:北京大学出版社,2016.

[9] 潘睿.房屋建筑学[M].4版.武汉:华中科技大学出版社,2020.

[10] 赵西平.房屋建筑学[M].2版.北京:中国建筑工业出版社,2017.

[11] 于丽.房屋建筑学[M].3版.南京:东南大学出版社,2020.

[12] 舒秋华.房屋建筑学[M].6版.武汉:武汉理工大学出版社,2018.

[13] 金少蓉.房屋建筑学课程设计及习题集[M].2版.重庆:重庆大学出版社,2011.

[14] 安巧霞.房屋建筑学习题集及实训指导书[M].北京:中国水利水电出版社,2011.

[15] 房志勇,冯萍,常宏达.房屋建筑构造学课程设计指导与习题集[M].北京:中国建材工业出版社,2009.